U0377783

R语言编程基础

R Programming

林智章　张良均◎主编

李博文　杨惠　麦国炫◎副主编

人民邮电出版社

北　京

图书在版编目（ＣＩＰ）数据

R语言编程基础 / 林智章，张良均主编. -- 北京：
人民邮电出版社，2019.1（2024.1重印）
大数据人才培养规划教材
ISBN 978-7-115-49611-9

Ⅰ．①R… Ⅱ．①林… ②张… Ⅲ．①程序语言—程序
设计 Ⅳ．①TP312

中国版本图书馆CIP数据核字(2018)第273148号

内 容 提 要

本书以理论结合示例操作的方式，全面介绍了 R 语言编程基础及其知识的应用，讲解了利用 R 语言解决部分实际问题的方法。全书共 7 章：第 1 章为 R 语言概述，包括学习 R 语言的优势、R 语言的编译环境、R 包的获取及加载、R 包的内置数据等；第 2～6 章主要介绍 R 语言的数据对象与数据读写、数据集基本处理、函数与控制流、初级绘图、高级绘图；第 7 章主要介绍可视化数据挖掘工具 Rattle。本书的每章都包含了课后习题，通过练习帮助读者巩固所学的内容。

本书可以作为高校大数据技术类专业教材，也可作为大数据技术爱好者自学用书。

◆ 主　　编　　林智章　张良均
　　副 主 编　　李博文　杨　惠　麦国炫
　　责任编辑　　左仲海
　　责任印制　　马振武
◆ 人民邮电出版社出版发行　　北京市丰台区成寿寺路 11 号
　　邮编　100164　电子邮件　315@ptpress.com.cn
　　网址　http://www.ptpress.com.cn
　　固安县铭成印刷有限公司印刷
◆ 开本：787×1092　1/16
　　印张：16.25　　　　　　　　2019 年 1 月第 1 版
　　字数：368 千字　　　　　　 2024 年 1 月河北第 12 次印刷

定价：49.80 元
读者服务热线：(010)81055256　印装质量热线：(010)81055316
反盗版热线：(010)81055315
广告经营许可证：京东市监广登字20170147号

大数据专业系列图书
专家委员会

宋汉珍（承德石油高等专科学校） 宋眉眉（天津理工大学）

张　敏（泰迪学院） 张尚佳（泰迪学院）

张治斌（北京信息职业技术学院） 张积林（福建工程学院）

张雅珍（陕西工商职业学院） 陈　永（江苏海事职业技术学院）

武春岭（重庆电子工程职业学院） 林智章（厦门城市职业学院）

官金兰（广东农工商职业技术学院） 赵　强（山东师范大学）

胡支军（贵州大学） 胡国胜（上海电子信息职业技术学院）

施　兴（泰迪学院） 秦宗槐（安徽商贸职业技术学院）

韩中庚（信息工程大学） 韩宝国（广东轻工职业技术学院）

蒙　飚（柳州职业技术学院） 蔡　铁（深圳信息职业技术学院）

谭　忠（厦门大学） 薛　毅（北京工业大学）

魏毅强（太原理工大学）

序 FOREWORD

随着大数据时代的到来，移动互联网和智能手机迅速普及，多种形态的移动互联网应用蓬勃发展，电子商务、云计算、互联网金融、物联网、虚拟现实、机器人等不断渗透并重塑传统产业，而与此同时，大数据当之无愧地成为了新的产业革命核心。

2019年8月，联合国教科文组织以联合国6种官方语言正式发布《北京共识——人工智能与教育》，其中提出，各国要制定相应政策，推动人工智能与教育系统性融合，利用人工智能加快建设开放灵活的教育体系，促进全民享有公平、高质量、适合每个人的终身学习机会，这表明基于大数据的人工智能和教育均进入了新的阶段。

高等教育是教育系统中的重要组成部分，高等院校作为人才培养的重要载体，肩负着为社会培育人才的重要使命。教育部部长陈宝生于2018年6月21日在新时代全国高等学校本科教育工作会议上首次提出了"金课"的概念，"金专""金课""金师"迅速成为新时代高等教育的热词。如何建设具有中国特色的大数据相关专业，如何打造世界水平的"金专""金课""金师"和"金教材"是当代教育教学改革的难点和热点。

实践教学是在一定的理论指导下，通过实践引导，使学习者能够获得实践知识、掌握实践技能、锻炼实践能力、提高综合素质的教学活动。实践教学在高校人才培养中有着重要的地位，是巩固和加深理论知识的有效途径。目前，高校的大数据相关专业的教学体系设置过多地偏向理论教学，课程设置冗余或缺漏，知识体系不健全，且与企业实际应用契合度不高，学生无法把理论转化为实践应用技能。为了有效解决该问题，"泰迪杯"数据挖掘挑战赛组委会与人民邮电出版社共同策划了"大数据专业系列教材"。这恰与2019年10月24日教育部发布的《教育部关于一流本科课程建设的实施意见》（教高〔2019〕8号）中提出的"坚持分类建设、坚持扶强扶特、提升高阶性、突出创新性、增加挑战度"原则完全契合。

"泰迪杯"数据挖掘挑战赛自2013年创办以来一直致力于推广高校数据挖掘实践教学，培养学生数据挖掘的应用和创新能力。挑战赛的赛题均为经过适当简化和加工的实际问题，来源于各企业、管理机构和科研院所等，非常贴近现实热点需求。赛题中的数据只做必要的脱敏处理，力求保持原始状态。竞赛围绕数据挖掘的整个流程，从数据采集、数据迁移、数据存储、数据分析与挖掘，最终到数据可视化，涵盖了企业应用中的各个环节，与目前大数据专业人才培养目标高度一致。"泰迪杯"数据挖掘挑战赛不依赖于数学建模，甚至不依赖传统模型的竞赛形式，使得"泰迪杯"数据挖掘挑战赛在全国各大高校反响热烈，且得到了全国各界专家学者的认可与支持。2018年，"泰迪杯"数据挖掘挑战赛增加了子赛项——数据分析职业技能大赛，为高职及中职技能型人才培养提供理论、技术和资源方面的支持。截至 2019 年，全国共有近 800所高校，约 1 万名研究生、5 万名本科生、2 万名高职生参加了"泰迪杯"数据挖掘挑战赛和数据分析职业技能大赛。

本系列教材的第一大特点是注重学生的实践能力培养，针对高校实践教学中的痛点，首次提出"鱼骨教学法"的概念。以企业真实需求为导向，学生学习技能紧紧围绕企业实际应用需求，将学生需掌握的理论知识，通过企业案例的形式进行衔接，达到知行合一、以用促学的目的。第二大特点是以大数据技术应用为核心，紧紧围绕大数据应用闭环的流程进行教学。本系列教材涵盖了企业大数据应用中的各个环节，符合企业大数据应用真实场景，使学生从宏观上理解大数据技术在企业中的具体应用场景及应用方法。

在教育部全面实施"六卓越一拔尖"计划 2.0 的背景下，对于如何促进我国高等教育人才培养体制机制的综合改革，如何重新定位和全面提升我国高等教育质量的问题，本系列教材将起到抛砖引玉的作用，从而加快推进以新工科、新医科、新农科、新文科为代表的一流本科课程的"双万计划"建设；落实"让学生忙起来，管理严起来和教学活起来"措施，让大数据相关专业的人才培养质量有一个质的提升；借助数据科学的引导，在文、理、农、工、医等方面全方位发力，培养各个行业的卓越人才及未来的领军人才。同时本系列教材将根据读者的反馈意见和建议及时改进、完善，努力成为大数据时代的新型"编写、使用、反馈"螺旋式上升的系列教材建设样板。

佛山科学技术学院校长
教育部高校大学数学教学指导委员会副主任委员
泰迪杯数据挖掘挑战赛组织委员会主任
泰迪杯数据分析技能赛组织委员会主任

2018 年 11 月于粤港澳大湾区

前 言 PREFACE

随着云时代的来临，数据分析技术将帮助企业在合理时间内获取、管理海量数据，为企业经营决策提供积极的帮助。数据分析作为一门前沿技术，广泛应用于物联网、云计算、移动互联网等领域。虽然大数据目前在国内还处于初级阶段，但是其商业价值已经显现出来，特别是有实践经验的数据分析人才，更是各企业争夺的热门。为了满足日益增长的数据分析人才需求，很多高校开始尝试开设数据分析课程。"数据分析"作为大数据时代的核心技术，必将成为高校大数据相关专业的重要课程之一。

本书特色

本书定位于 R 大数据基础教材，深入浅出地介绍 R 语言编程基础的相关知识，包括 R 语言概述、数据对象与数据读写、数据集基本处理、函数与控制流、初级绘图、高级绘图。本书涉及的知识点简要精到，实践操作性强，能对 R 语言编程基础的学习、理解及应用提供有效的指导。

本书全面贯彻党的二十大精神，以社会主义核心价值观为引领，加强基础研究、发扬斗争精神，为建成教育强国、科技强国、人才强国、文化强国添砖加瓦。本书内容采用了理论结合实例操作的模式，按照解决实际问题的思路，逐步展开相关的理论知识点。全书大部分章节紧扣示例操作，不堆积知识点。通过从理论到实例操作的一系列体验，读者真正理解、掌握 R 语言的编程基础。

本书适用对象

（1）开设"数据分析"课程的高校教师和学生

目前，国内不少高校将数据分析引入教学中，在计算机、数学、自动化、电子信息、金融等专业开设了数据分析相关的课程，但目前这一课程教学的相关教材没有统一，有些高校使用 SPSS、SAS 等传统统计工具，并没有使用 R 语言作为数据分析工具。本书提供了 R 语言相关技术的介绍、原理、实践等，能有效指导高校教师和学生使用 R 语言解决企业实际问题，为以后的工作打下良好基础。

（2）数据分析开发人员

这类人员可以在理解数据分析、应用需求和设计方案的基础上，结合书中提供的

R 语言的使用方法快速实现数据分析应用编程。

（3）进行数据分析应用研究的科研人员

许多科研院所为了更好地对科研工作进行管理，纷纷开发了适应自身特点的科研业务管理系统，并在使用过程中积累了大量的科研数据。R 语言可以提供一个优异的环境对这些数据进行分析应用。

（4）关注高级数据分析的人员

R 语言作为一款专业的数据分析软件，能为数据分析人员提供可靠的依据。

代码下载及问题反馈

为了帮助读者更好地使用本书，泰迪云课堂提供了配套的教学视频。如需获取书中全部实例的数据文件及源代码，读者可以从"泰迪杯"数据挖掘挑战赛网站免费下载，也可登录人民邮电出版社教育社区（www.ryjiaoyu.com）下载。为方便教师授课，本书还提供了 PPT 课件、教学大纲、教学进度表和教案等教学资源，教师可扫码下载申请表，填写后发送至指定邮箱申请所需资料。

由于编者水平有限，加之编写时间仓促，书中难免出现一些疏漏和不足之处。如果读者有更多的宝贵意见，欢迎在泰迪学社微信公众号（TipDataMining）回复"图书反馈"进行反馈。更多本系列图书的信息可以在"泰迪杯"数据挖掘挑战赛网站查阅。

编　者

2023 年 5 月

泰迪云课堂　　　　　"泰迪杯"数据挖掘　　　　申请表下载
　　　　　　　　　　挑战赛网站

目录 CONTENTS

第 ❶ 章 R 语言概述

R 语言是一个体系庞大的应用软件，主要包括核心的 R 标准包和各专业领域的其他包。本书采用原理加示例的方式来对 R 语言相关函数进行介绍。本章主要对 R 语言的基本信息、R 软件和 RStudio 的安装及升级、常用包的安装与加载，以及 R 包内置数据集进行简单介绍。

学习目标

（1）认识并安装 R 语言。
（2）认识 R 的编译环境。
（3）认识 R 包，并掌握 R 包的安装与加载方法。
（4）了解 R 语言的内置数据集。

1.1 认识 R 语言

本节主要介绍 R 语言的基本信息，如何下载 R 语言，以及如何在自己的计算机上实现安装。安装成功后，将介绍 R 语言的编辑窗口。

1.1.1 R 语言的基本信息

R 语言是一种为统计计算和图形显示而设计的语言环境，是贝尔实验室（Bell Laboratories）的 Rick Becker、John Chambers 和 Allan Wilks 开发的 S 语言的一种实现，提供了一系列统计和图形显示工具。R 语言是面向对象的一种编程语言，也是一套开源的数据分析解决方案，由一个庞大且活跃的全球性研究型社区维护。它具有下列优势。

（1）R 语言是完全免费的统计分析软件，可以在不同的平台上运行，包括 Windows、UNIX、Mac OS 和 Linux。

（2）R 语言可以轻松地从各种类型的数据源读写数据，包括带分隔符的文件、统计软件、数据库管理系统，以及专门的数据仓库。几乎所有类型的数据都可以用 R 语言进行分析统计。

（3）R 语言的优势主要体现在其软件包生态系统具有较高的开放性（即免费开源）。R 语言不仅提供功能丰富的内置函数供用户调用，也允许用户编写自定义函数来扩充功能。读者无须申请权限即可直接查看软件包或程序包的源码，并且对其进行拓展。如果某项统计技术已经存在，那么必然存在着一款 R 软件包与之对应。

R 语言编程基础

（4）R 语言具有顶尖水准的制图功能。R 语言的拓展包 dplyr 与 ggplot2 可分别用于数据处理与绘图，且能够非常直观地提升用户对数据的理解。

图 1-1 所示是信用卡客户经济情况分布的直方图，展示了 R 语言的绘图能力。该图用来分析信用卡客户的个人月开销、月刷卡额、个人月收入和家庭月收入等变量。由图 1-1 可知，信用卡客户的个人月开销主要集中在 1 万元以下和 1 万元至 2 万元之间；多数客户的月刷卡额在 2 万元至 8 万元之间；个人月收入中有 1/3 左右的客户无收入，其余客户个人月收入主要集中在 2 万元至 4 万元之间，4 万元以上的占少数；家庭月收入为 2 万元至 4 万元的客户尤为突出，说明大部分客户的家庭经济水平中等。

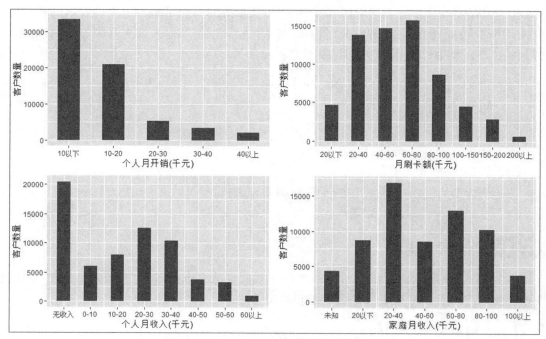

图 1-1　信用卡客户经济情况分布直方图

第 5 章及第 6 章将继续讨论这些图形，介绍更多的 R 语言在图形展示方面的强大功能，让用户以简单方便的方式创建优雅、信息丰富、高度定制的专业图形。

1.1.2　获取与安装 R 语言

本书使用的 R 版本为 R 3.4.2。根据操作系统不同，读者可选择安装 64 位或 32 位版本。读者安装时直接运行下载的 R-3.4.2-win.exe。Linux、Mac OS X 和 Windows 都有相应的编译好的二进制版本，读者根据所选择平台的安装说明进行安装即可。

这里以在 Windows 操作系统下安装 R 为例，操作步骤如下。

（1）打开浏览器访问 R 的官网 http://www.r-project.org/，如图 1-2 所示。

（2）单击"Download"栏目下的"CRAN"，即跳转到 R 综合资料网（Comprehensive R Archive Network，CRAN）的路径上，如图 1-3 所示。

从镜像路径中选择 China 栏目（如图 1-4 所示）下的任意一个链接，单击进入 R 的下载界面，如图 1-5 所示。

图 1-2　R 的官网

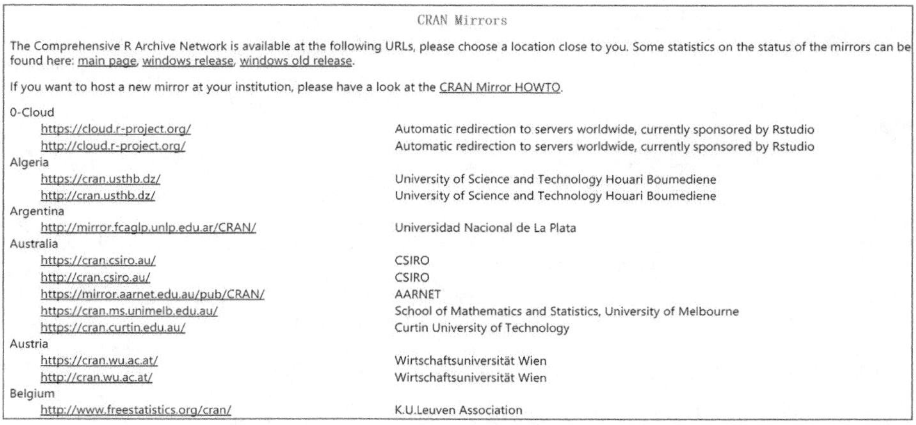

图 1-3　R 的下载镜像路径

图 1-4　R 的 China 下载镜像路径

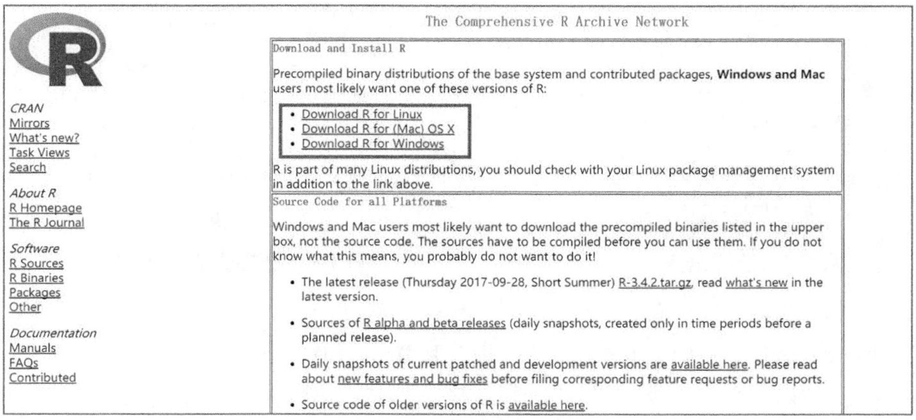

图 1-5　R 的下载界面

（3）如果是第一次安装 R 语言，单击"base"项目，如图 1-6 所示。进入 R 的下载页面，单击"Download R 3.4.2 for Windows"链接（如图 1-7 所示），即可下载相应版本的 R 语言。

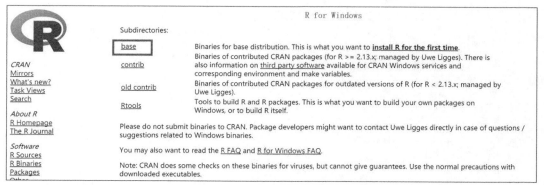

图 1-6　base 项目

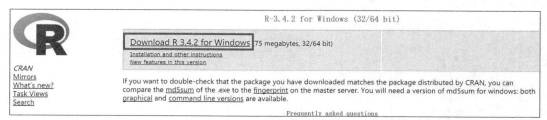

图 1-7　下载 R 3.4.2 for Windows

（4）下载完成后，通过双击运行所下载的文件，此时会弹出一个"选择语言"对话框，如图 1-8 所示，选择"中文（简体）"选项，单击"确定"按钮。

（5）弹出安装向导后，根据指示不断单击"下一步"按钮，直到出现图 1-9 所示的界面，选择软件的安装位置，单击"下一步"按钮。

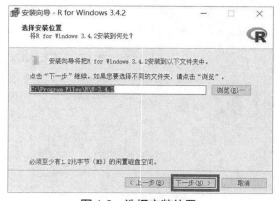

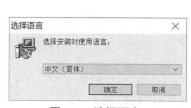

图 1-8　选择语言　　　　　　　　图 1-9　选择安装位置

（6）选择安装的组件，单击"下一步"按钮，如图 1-10 所示。

（7）选择默认启动选项，单击"下一步"按钮，如图 1-11 所示。

（8）选择开始菜单文件夹，单击"下一步"按钮，如图 1-12 所示。

（9）选择附加任务，如添加快捷方式等，单击"下一步"按钮，如图 1-13 所示。

图 1-10　选择安装组件

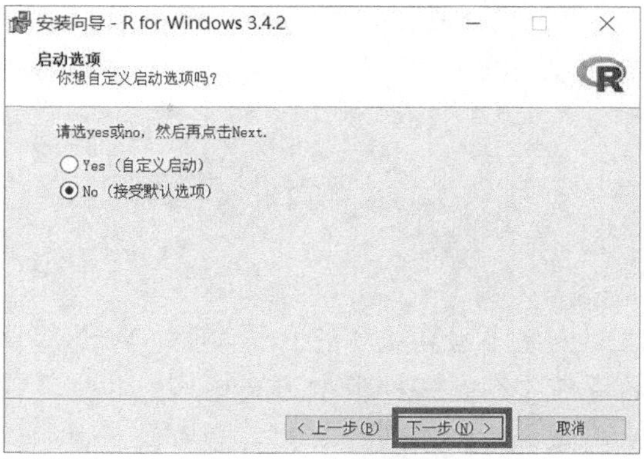

图 1-11　选择启动选项

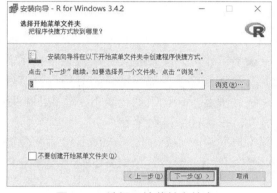

图 1-12　选择开始菜单文件夹

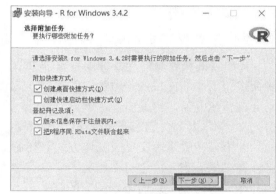

图 1-13　选择附加任务

（10）安装完成，单击"结束"按钮，如图 1-14 所示。此时安装完成。

（11）安装好 R 语言后，单击安装目录中 bin 目录下的 Rgui.exe 文件启动 R 语言（或者双击桌面快捷方式打开），打开的界面如图 1-15 所示。

图 1-14　安装完成

图 1-15　R 3.4.2 的初始界面

R 语言的升级通常是通过从 CRAN（http://cran.r-project.org/bin/）上下载和安装最新版的 R 语言来实现。这种方式需要重新设置各种自定义选项，包括之前安装的扩展包。可以将 R 安装目录下 etc 文件夹中的 Rprofile.site 文件及 R 安装目录下的 library 文件夹保存到其他地方，待安装新版本的 R 语言后再移动到相应的位置进行覆盖。

R 语言编程基础

在 Windows 系统上，有一种更加方便的更新 R 的方式，如代码 1-1 所示。输入代码后，按照提示即可很方便地将 R 语言升级至最新的版本。

代码 1-1　更新 R 语言

```
> install.packages("installr")
> require(installr)              #load / install+load installr
> updateR()
```

安装了最新版本的 R 语言后，Windows 系统并不会自动地覆盖旧版本的 R 语言，即允许系统中存在多种版本的 R 语言，此时可以通过控制面板卸载旧版本的 R。而在 Linux 和 Mac 系统上，新版的 R 语言会覆盖老版本。在 Mac 系统上可以用 Finder 打开路径/Library/Frameworks/R.frameworks/versions/，删除其中旧版本的文件夹。在 Linux 系统上，不需要做任何额外的操作。

1.1.3　介绍 R 语言的编辑窗口

R 语言的编辑窗口与其他编程软件类似，由菜单栏和快捷按钮组成，如图 1-16 所示。快捷按钮下面的窗口便是命令输入窗口，它也是部分运算结果的输出窗口，有些运算结果则会在新建的窗口中输出。主窗口上方的一些文字是刚运行 R 语言时出现的一些说明和指引，文字下的 ">" 符号便是 R 语言的命令提示符，在其后可输入命令。

R 语言一般采用交互式工作方式，在命令提示符后输入命令，按 "Enter" 键后便会输出计算结果。当然，也可将所有的命令存储在一个文件中，运行这个文件的全部或部分来执行相应的命令，从而得到相应的结果。

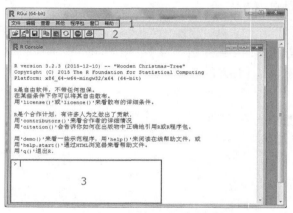

图 1-16　R 3.4.2 操作界面

菜单栏即图 1-16 中标号为 1 的部分，位于工作环境的最上方。文件菜单可以实现的功能有输入 R 语言代码、建立新的程序脚本、打开程序脚本、显示文件、载入工作空间、保存工作空间、载入历史、保存历史、改变当前目录、打印、保存到文件及退出。编辑菜单可以实现复制、粘贴、清除控制台和数据编辑等功能。查看菜单可以选择是否显示工具栏。其他菜单可以实现中断目前计算、缓冲输出及列出目标对象等功能。程序包菜单可以实现载入程序包、设定 CRAN 镜像、安装及更新程序包等功能。窗口菜单可以将所有窗口层叠或者平铺。帮助菜单提供 R 语言的常见问答和帮助途径。当执行不同的窗口操作时，菜单的内容就会发生变化。如打开 R 语言文件或一个编写好的 R 语言函数后，菜单栏就会缺失查看、其他两个菜单选项。

工具栏即图 1-16 中标号为 2 的部分，从左至右可以依次进行打开程序脚本、载入映像、保存映像、复制、粘贴、刷新、终止目前计算及打印的操作。当打开 R 语言文件或一个编写好的 R 语言函数时，工具栏会发生相应的变化，此时的快捷按钮从左至右依次为打开程序脚本按钮、保存映像按钮、运行当前行代码或所选代码按钮、返回主界面按钮及打印按钮。

命令窗口即图 1-16 中标号为 3 的部分，是 R 语言进行工作的窗口，也是实现 R 语言各种功能的窗口，其中的 ">" 是命令提示符，表示 R 语言处于准备编辑的状态。读者可以直接在命令提示符后输入命令语句，按 "Enter" 键执行。

R 语言是一种基于对象（Object）的语言，所以在 R 语言中接触的每样东西都是一个对象，一串数值向量是一个对象，一个函数是一个对象，一个图形也是一个对象。基于对象的编程（Object Oriented Programming，OOP）就是在定义类的基础上创建与操作对象的。

需要特别说明的是，在 R 语言中，赋值符号一般采用 "<-"，表示将右边的内容赋值给左边的变量。同样的，R 语言还提供反向赋值的功能，如代码 1-2 所示。但注意，在函数的参数设置里面要用等号。R 语言允许使用 "=" 为对象赋值，但是它不是标准语法，在某些情况下用等号赋值会出现问题。

代码 1-2　赋值

```
> a <- 'Hello world!'
> a
[1] "Hello world!"
> 'Hello world!' -> b
> b
[1] "Hello world!"
> plot(1:10, col = 'red')   # 此时，参数设置使用 "="
```

1.2　认识 R 语言的编译环境

R 语言的原始编译窗口较为简单，提供的编译环境不太友好，所以为了提高代码的编写效率，选择 RStudio 作为代码编译环境。

1.2.1　认识 R 语言的编译器 RStudio

从图 1-16 所示的界面和操作可以看出，只使用 R 语言自带的 GUI（Graphical User Interface，图形用户界面）难以进行方便快捷的操作，因此为了方便使用，可以使用免费的图形界面编辑器 RStudio。RStudio 实质性的编程语言与 R 语言没有任何区别。但是相比 R 语言，RStudio 拥有更友好的界面及更强的操作性。

1. RStudio 的下载

可以从网站 http://www.rstudio.com/products/rstudio/download/中获取相关资源后下载。要注意的是，商业版及专业版的 RStudio 编辑器是收费的，但是就本书内容而言，开源的 RStudio 就能够满足编程需求，RStudio 下载页面如图 1-17 所示。

图 1-17　RStudio 下载页面

　　请读者根据自身所使用的计算机操作系统（Linux、Mac OS X 和 Windows）选择系统支持的版本，自行下载安装，RStudio 下载资源如图 1-18 所示。但要注意，在选择安装目录时，需要选择 1.1.2 小节中安装 R 的目录里面，如图 1-19 所示，以免发生 RStudio 无法找到 R 关联的问题。

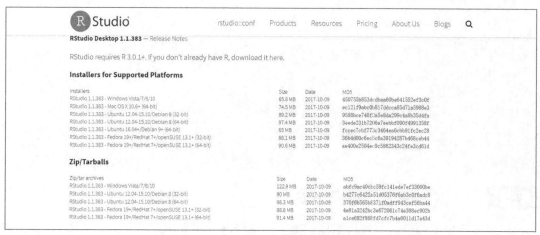

图 1-18　RStudio 下载资源

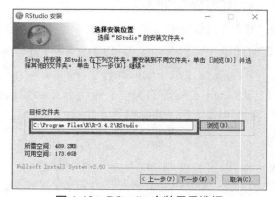

图 1-19　RStudio 安装目录选择

安装 RStudio 后，可从安装目录或者"开始"菜单栏中启动。

2．RStudio 的编辑窗口

编译器 RStudio 1.1.383 的操作窗口如图 1-20 所示。RStudio 的操作窗口主要由菜单栏、快捷键工具栏、脚本编写窗口、环境管理窗口、代码命令行窗口及资源管理窗口构成。其中，脚本编写窗口、环境管理窗口、代码命令行窗口的位置，以及资源管理窗口的大小可通过拖动鼠标来改变。

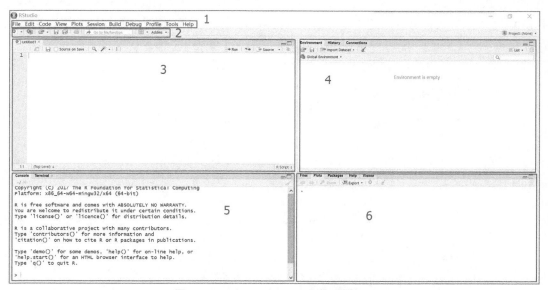

图 1-20　RStudio 1.1.383 的操作窗口

首先介绍菜单栏（图 1-20 中的 1 部分）的功能。菜单栏包含 File（文件）、Edit（编辑）、Code（编码）、View（视图）、Plots（绘图）、Session（会话）、Build（搭建）、Debug（调试）、Profile（项目）、Tools（工具）及 Help（帮助）菜单。

（1）File（文件）菜单提供了 R 脚本及工程的创建、打开与保存功能。

（2）Edit（编辑）菜单与普通的编辑菜单类似，提供代码的复制、粘贴等功能。

（3）Code（编码）菜单包含了简单的代码块创建、注释与取消注释、运行等功能。

（4）View（视图）菜单主要提供了各个窗口的切换及设置等功能。

（5）Plots（绘图）菜单只有图片产生时才可用，其功能其实与图 1-20 中的 6 部分中的 Plots 差不多。

（6）Session（会话）菜单提供了 RStudio 与 R 之间连接设置的功能，如重新连接 R、终止 R 连接等。

（7）Build（搭建）菜单主要在 RStudio 中进行 Package 等开发时需要编译的情况下使用，普通的 R 脚本是不需要的。

（8）Debug（调试）菜单用于对 RStudio 中编程文件的调试。

（9）Profile（项目）菜单提供 R 脚本归总到项目的功能。

（10）Tools（工具）菜单提供了很多实用功能，主要有数据集的导入、Package 的安装

R 语言编程基础

与升级、DOS 形式的 R 命令行界面及全局设置。

（11）Help（帮助）菜单提供了 R 与 RStudio 的使用帮助。

这里介绍 Tools（工具）下的全局设置（Global Options）子菜单，如图 1-21 所示。

全局设置（Global Options）子菜单提供了有关 RStudio 的一些基本的设置（General），有默认的文本编码模式，推荐使用 UTF-8。Code 提供了一些关于编码的外观等设置，如是否显示行号、"Tab" 键的空格数等。Appearance 用于设置 RStudio 的外观，如字体、大小、主题等。Pane Layout 可配置 RStudio 界面上各窗口的布局。Packages 配置的是 Packages 下载镜像及一些与 Packages 开发相关的设置。Sweave 与产生帮助文档相关。Spelling 与编码拼写检查相关。Git/SVN 可设置在 RStudio 中使用 Git 等版本控制程序。

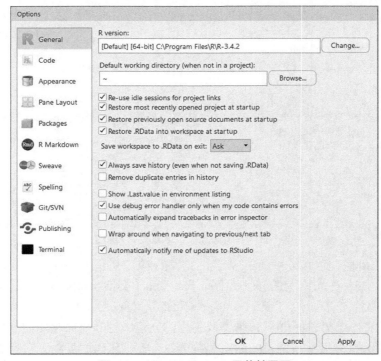

图 1-21　Global Options 子菜单界面

快捷键工具栏（图 1-20 中的 2 部分）提供了常用操作的工具按钮。

脚本编写窗口（图 1-20 中的 3 部分）是 R 语言脚本文件的编辑区域。代码编辑区域上方提供了代码保存、运行光标所在行或选定区域的代码、运行整个脚本代码等功能的工具。

在环境管理窗口（图 1-20 中的 4 部分）中可查看代码运行产生的工作变量、代码的运行记录及 RStudio 的相关连接。

代码命令行窗口（图 1-20 中的 5 部分）与 R 的编辑窗口类似，主窗口上方的一些文字是刚运行 R 时出现的一些说明和指引，文字下的 ">" 符号便是 R 的命令提示符，在其后可输入命令。

资源管理窗口（图 1-20 中的 6 部分）下的 Files 子窗口提供了对项目中的内容进行文件夹的创建、删除、重命名、复制、移动等操作，方便管理项目。Plots 子窗口提供了图片的浏览、放大、导出与清理的功能。Packages 子窗口提供了 R 包的安装、加载、更新等操作功能。而 Help 子窗口提供了函数的帮助文档的查找与展示的功能。

3. RStudio 的常用快捷键

RStudio 有一些常用快捷键，掌握这些快捷键可以提高编码效率。

（1）Ctrl+R：可以替代 Run 的功能，执行选中的多行或者光标所在单行的代码。

（2）Ctrl+Shift+N：创建空白文本。

（3）Ctrl+O：打开文件选择器。

（4）Ctrl+L：清除 R 命令行控制台的屏幕内容。

（5）Ctrl+Shift+R：在光标行插入 section 标签。

（6）Ctrl+Shift+C：将选择的程序行进行批量注释。

（7）Ctrl+W：关闭当前脚本文件。

1.2.2 获取 R 语言的帮助

R 语言提供了大量的帮助文档，若学会使用这些帮助文档，则有助于正确使用各种函数，提高编程能力。R 语言的内置帮助系统提供了当前已安装的 R 包中所有函数的描述、使用方法、参数介绍、函数细节及相关的函数例子。

在命令窗口输入表 1-1 中列出来的命令即可查看帮助文档。

表 1-1　R 语言的获取帮助命令

命　　令	功　　能
help.start()	打开帮助文档
help("plot") 或者 ?plot	查看 plot 函数的帮助（引号可以省略）
help.search("plot") 或者 ??plot	以 plot 为关键词搜索本地帮助文档
example("plot")	plot 函数的使用示例（引号可以省略）
RSiteSearch("plot")	以 plot 为关键词搜索在线文档和邮件列表存档
apropos("plot",mode="function")	列出名称中含有 plot 的所有可用函数
data()	列出当前已加载包中所含的所有可用示例数据集
vignette()	列出当前已经安装的包中所有可能的 vignette 文档
vignette("plot")	为主题 plot 显示指定的 vignette 文档

而在 RStudio 中，资源管理窗口的 Help 子窗口则可以直接通过函数的输入来查看相关的帮助文档，如图 1-22 所示。

1.2.3 了解 R 语言的工作空间

工作空间（Workspace）是 R 当前的工作环境，存储了用户定义的所有对象（向量、矩阵、列表、数据框、函数）。在 RStudio 中的环境管理窗口中可以直观地看到 R 的工作空间中存储的对象，如图 1-23 所示。

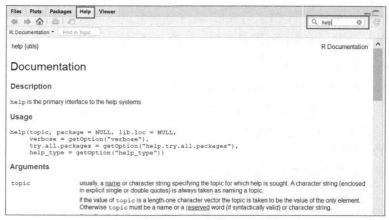

图 1-22　RStudio 的帮助文档

在一个 R 对话结束的时候，可以把当前工作空间保存到当前工作路径的镜像（.Rhistory 文件）中，如图 1-24 所示，并在下一次启动 RStudio 的时候自动载入该镜像文件保存的工作空间。

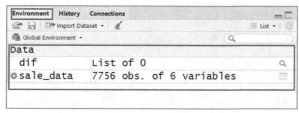

图 1-23　RStudio 的工作空间　　　　　图 1-24　保存工作空间

当前工作路径（Working Directory）是指 R 用来读取文件和保存结果的默认路径。可以通过 getwd 函数来查看当前工作目录，也可以通过 setwd 函数设置当前工作路径。如果需要读取一个不在当前工作路径中的文件，则用户可以在调用语句中输入完整的文件路径，也可以更改当前工作路径，然后读取文件。

通过代码 1-3 说明读取文件过程中的工作路径的重要性，其中，iris.csv 文件为 R 中自带数据包 datasets 的鸢尾花数据集，放置在计算机桌面，而非当前工作路径下。

代码 1-3　工作路径

```
> getwd()
[1] "C:/Users/tipdm/Documents"
> my_iris <- read.csv('./iris.csv')   # iris.csv 文件不存储在当前工作路径下
Error in file(file, "rt") : cannot open the connection
In addition: Warning message:
In file(file, "rt") :
  cannot open file '.\iris.csv': No such file or directory

> # 方法一：读取时输入完整的文件路径
> my_iris <- read.csv('C:/Users/tipdm/Desktop/iris.csv', row.names = 1)
```

```
> # 方法二：更改当前工作路径
> setwd('C:/Users/tipdm/Desktop')
> my_iris <- read.csv('./iris.csv', row.names = 1)
```

常见的用于管理工作空间的 R 语言命令如表 1-2 所示。

表 1-2　R 的工作空间管理命令

命　　令	功　　能
getwd()	显示当前的工作目录
setwd("new_path")	修改当前的工作目录为 new_path
ls()	列出当前工作空间中的对象
rm(objectList)	移除（删除）一个或多个对象
rm(list = ls())	移除当前工作空间的所有对象，即清除 R 工作空间中的内存变量
help(options)	显示可用选项的说明
options()	显示或设置当前选项
history(n)	显示最近使用过的 n 个命令（默认值为 25）
savehistory("myfile")	保存命令历史文件到 myfile 中（默认值为.Rhistory）
loadhistory("myfile")	载入一个命令历史文件（默认值为.Rhistory）
save.image("myfile")	保存工作空间到文件 myfile 中（默认值为.RData）
save(objectlist,file="myfile")	保存指定对象到一个文件中
load("myfile")	读取一个工作空间到当前会话中（默认值为.RData）
q()	退出 R，并会询问是否保存工作空间

在学习一门程序语言时，通常会用打印"Hello,world!"作为第一个介绍程序，如代码 1-4 所示。

代码 1-4　打印"Hello,world!"

```
> tex <- 'Hello, world!'
> print(tex)
[1] "Hello, world!"
```

1.3　使用 R 包

1.1 节中在介绍 R 语言的时候，就提及 R 的优势主要体现在其软件包生态系统上，即常说的 R 包。截至 2017 年 10 月，R 已提供 11 601 个包供用户免费安装加载，具体的 R 包在官网（https://cran.r-project.org/web/packages/available_packages_by_name.html）上。这些 R 包提供了涉及各个领域的强大的功能，包括数据读取、可视化绘图、计算统计等。正因为 R 包的跨度非常大，所以 R 语言如此流行。

R 语言编程基础

1.3.1 认识 R 包

R 包（Package）是 R 函数、数据、预编译代码以一种定义完善的格式组成的集合。而 R 包储存的文件夹称为库（Library）。可以通过 .libPaths 函数进行库的路径查询，而 library 函数不仅可以显示库中有哪些包，还可以载入所下载的包，进而在会话中使用包，如代码 1-5 所示。

代码 1-5　R 包的查询

```
> .libPaths()
[1] "C:/Program Files/R/R-3.4.2/library"
> library()
```

通过 R 包的查询，读者可以看到 R 语言自带的一系列 R 包（base、datasets、utils、grDevices、graphics、stata 及 methods）。这些包提供了各种各样的函数和内置数据集。其他的 R 包则需要自行安装加载。

1.3.2 安装与加载 R 包

要使用 R 包里的函数必须先加载相应的 R 包。可以通过 install.packages 函数来下载和安装包，然后通过 library 函数加载相应的包，如代码 1-6 所示。

代码 1-6　安装与加载 R 包

```
> install.packages('nnet')
Installing package into 'C:/Users/tipdm/Documents/R/win-library/3.4'
(as 'lib' is unspecified)
trying URL 'https://cran.rstudio.com/bin/windows/contrib/3.4/nnet_7.3-12.zip'
Content type 'application/zip' length 134954 bytes (131 KB)
downloaded 131 KB

package 'nnet' successfully unpacked and MD5 sums checked

The downloaded binary packages are in
    C:\Users\tipdm\AppData\Local\Temp\RtmpsJ3xg7\downloaded_packages
> library(nnet)
```

还可以通过 RStudio 的图形界面来实现包的加载，如图 1-25 所示。

单击"Install"按钮，在弹出安装对话框后，可以选择安装来源和安装路径，如图 1-26 所示。这与 install.packages 函数效果一致。单击"Update"按钮则可对已经安装的包进行更新。再勾选 R 包前面的复选框即可加载相应的包，效果同 library 函数。

1.3.3 掌握常用的 R 包

在数据分析中，常用的 R 包可划分为空间数据分析类、机器学习与统计学习类、多元统计类、药物动力学数据分析类、计量经济类、金融分析类、并行计算类和数据库访问类。比如，机器学习与统计学习类就包含实现分类、聚类、关联规则、时间序列分析等功能的 R 包。加载不同的 R 包能够实现相应的数据挖掘功能，如表 1-3 所示。

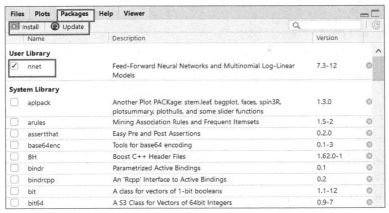

图 1-25　通过 RStudio 图形界面加载 R 包

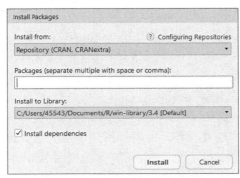

图 1-26　通过 RStudio 图形界面安装 R 包

表 1-3　R 数据挖掘相关包

功　能	函数及加载包
分类与预测	nnet 函数需要加载 BP 神经网络 nnet 包
	randomForest 函数需要加载随机森林 randomForest 包
	svm 函数需要加载 e1071 包
	tree 函数需要加载 CRAT 决策树 tree 包等
聚类分析	hclust 函数、kmeans 函数在 stats 包中
关联规则	apriori 函数需要加载 arules 包
时间序列	arima 函数需要加载 forecast、tseries 包

　　分类与预测是数据挖掘领域研究的主要问题之一，而分类器作为解决问题的工具一直是研究的热点。常用的分类器有神经网络、随机森林、支持向量机、决策树等。这些分类器都有各自的性能特点。

　　nnet 包执行单隐层前馈神经网络，nnet 函数的主要参数有隐层结点数（size）、结点权重（weights）、最大迭代次数（maxit）等。为了达到最好的分类效果，需要根据经验或者不断地尝试来确定。

　　随机森林分类器利用基于 Breiman 随机森林理论的 R 语言软件包 randomForest 中的

randomForest 函数来实现，需要设置 3 个主要的参数：森林中决策树的数量（ntree）、内部结点随机选择属性的个数（mtry）及终结点的最小样本数（nodesize）。

支持向量机（Support Vector Machine，SVM）分类器采用 R 语言软件包 e1071 实现。该软件包是以中国台湾大学林智仁教授的 libsvm 源代码为基础开发的。svm 函数提供了 R 与 LIBSVM 的接口，主要参数有类型（type，"C"实现支持向量机分类，"eps-regression"实现支持向量机回归）、核函数（kernel）。SVM 包含了 4 种主要的核函数：线性核函数（Linear）、多项式核函数（Polynomial）、径向基核函数（RBF）及 Sigmoid 核函数。而径向基核函数支持向量机包含两个重要的参数：惩罚参数（Cost）和核参数（Gamma）。tune 函数可以对两者进行网格寻优（Grid-search），以确定最优值。

常用的聚类方法有系统聚类与 k-means 聚类。系统聚类可以使用 hclust 函数实现，参数有距离矩阵（d）和系统聚类方法（method），其中，距离矩阵可以使用 dist 函数求得。常用的系统聚类方法有最短距离法、最长距离法、类平均法、中间距离法、重心法及 Ward 法。k-means 聚类法是一种快速聚类法，可以使用 kmeans 函数实现，涉及的主要参数为聚类数。

系统聚类法和 k-means 聚类法的不同之处在于：系统聚类对不同的类数产生一系列的聚类结果，而 k-means 聚类法只能产生指定类数的聚类结果。具体类数的确定，离不开实践经验的积累。有时也可借助系统聚类法，以一部分样本为对象进行聚类，其结果作为 k-means 聚类法确定类数的参考。

作为数据挖掘中的一个独立课题，关联规则用于从大量数据中挖掘出有价值的数据项之间的关系，常用的有 arules 包中的 Apriori 算法。使用 Apriori 算法生成规则前，要把数据转换为 transcation 格式，这可以通过 as 函数实现，其中涉及的参数列表（parameter）用于自定义最小支持度与置信度。

时间序列分析是根据系统观测得到的时间序列数据，通过曲线拟合及参数估计来建立数学模型的理论和方法。进行时间序列分析时，可以使用 ts 函数将数据转换成时间序列格式；模型拟合可以通过 arima 函数实现，涉及的主要参数有 order（自回归项数、滑动平均项数及使时间序列成为平稳序列的差分阶数）、seasonal（序列表现出季节性趋势时需要用到，除了上述 order 内容外，还有季节周期 period）、method（参数估计方法，"CSS"为条件最小二乘法，"ML"为极大似然法）等。

1.4　了解 R 包的内置数据集

在 1.2.3 小节中已经使用过 R 中内置的数据集 iris，本节将介绍包括 iris 数据集的 R 中常用的内置数据集。

R 的内置数据集大都包含在名为 datasets 的 R 包中。该 R 包是 R 的基础包，位于 R 的搜索路径中，因此可以直接调用这些数据集，如代码 1-7 所示，可以直接查看 iris 数据集的前 6 行数据。

代码 1-7　查看前 6 行数据

```
> head(iris)
  Sepal.Length Sepal.Width Petal.Length Petal.Width Species
```

1	5.1	3.5	1.4	0.2	setosa
2	4.9	3.0	1.4	0.2	setosa
3	4.7	3.2	1.3	0.2	setosa
4	4.6	3.1	1.5	0.2	setosa
5	5.0	3.6	1.4	0.2	setosa
6	5.4	3.9	1.7	0.4	setosa

也可以通过代码 1-8 来查看在没有加载其他包的情况下基础包所包含的数据集。

代码 1-8　查看基础包所包含的数据集

```
> data() # 列出已载入的包中的所有数据集
```

代码 1-8 的展示结果如图 1-27 所示。

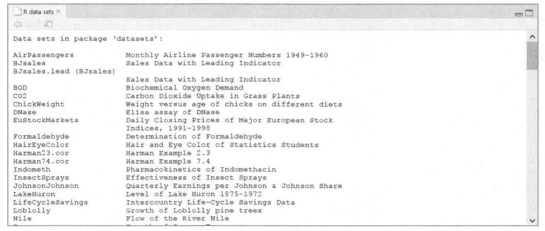

图 1-27　基础包的数据集展示结果

其中，常用的数据集及数据集的描述如表 1-4 所示。

表 1-4　常用的数据集及描述

数 据 集	描 述
airquality	纽约 1973 年 5 ~ 9 月每日空气质量评估
attenu	多个观测站观测到的加利福尼亚的 23 次地震数据
beaver1 (beavers)	一只海狸每 10min 的体温数据，共 114 条数据
beaver2 (beavers)	另一只海狸每 10min 的体温数据，共 100 条数据
cars	20 世纪 20 年代，汽车的速度与刹车距离
chickwts	不同饮食种类对小鸡体重的影响
esoph	喝酒、吸烟对食管癌的影响
faithful	一个间歇泉的暴发时间和持续时间
InsectSprays	不同杀虫剂对昆虫数目的影响
iris	Edgar Anderson 记录的 3 种鸢尾花形态数据

续表

数 据 集	描 述
LifeCycleSavings	50 个国家的存款率
longley	强共线性的宏观经济数据
mtcars	32 辆汽车的 11 个指标数据
PlantGrowth	3 种处理方式对植物产量的影响
pressure	温度和气压
Puromycin	两种细胞中辅因子浓度对酶促反应的影响
quakes	1 000 次地震观测数据（震级>4）
sleep	两种药物的催眠效果
stackloss	化工厂将氨转为硝酸的数据
swiss	瑞士生育率和社会经济指标
ToothGrowth	VC 剂量和摄入方式对豚鼠牙齿的影响
trees	树木形态指标
USArrests	美国 50 个州的 4 个犯罪率指标
USJudgeRating	43 名律师的 12 个评价指标
warpbreaks	织布机异常数据
women	15 名美国女性的身高和体重情况

除了 base 包中自带的一些数据集外，安装的 R 包也会包含一些数据集。可以通过代码 1-9 来查看本机上的 R 包中的所有数据集的信息，结果如图 1-28 所示。同时，对于某个指定的数据集，例如，MASS 包中的 Cars93 数据集，表示 93 辆车的 13 个指标数据情况，使用带有 package 参数的 data 函数可以访问相应的 R 包中的数据集。这样调用了 data 函数后，便可随时使用 Cars93 数据集，并可执行 head(Cars93) 等命令。

代码 1-9　查看 R 包中的数据情况

```
> data(package = .packages(all.available = TRUE))  # 列出已安装的包中的所有数据集
> head(Cars93)  # 由于 Cars93 数据集不在基础包内，所以程序无法直接调用该数据库
Error in head(Cars93) : object 'Cars93' not found
> data(Cars93, package = "MASS")  # 加载 Cars93 数据集
> head(Cars93)  # 查看 Cars93 数据集的前 6 列数据
  Manufacturer   Model    Type Min.Price Price Max.Price MPG.city MPG.highway
1       Acura Integra   Small      12.9  15.9      18.8       25          31
2       Acura  Legend Midsize      29.2  33.9      38.7       18          25
3        Audi      90 Compact      25.9  29.1      32.3       20          26
4        Audi     100 Midsize      30.8  37.7      44.6       19          26
5         BMW    535i Midsize      23.7  30.0      36.2       22          30
```

```
6      Buick Century Midsize    14.2  15.7     17.3      22        31
           AirBags DriveTrain Cylinders EngineSize Horsepower  RPM Rev.per.mile
1             None      Front         4        1.8        140 6300          2890
2 Driver & Passenger      Front         6         3.2        200 5500          2335
3      Driver only      Front        6        2.8        172 5500          2280
4 Driver & Passenger      Front         6         2.8        172 5500          2535
5      Driver only       Rear        4        3.5        208 5700          2545
6      Driver only      Front        4        2.2        110 5200          2565
  Man.trans.avail Fuel.tank.capacity Passengers Length Wheelbase Width
1            Yes               13.2          5    177       102    68
2            Yes               18.0          5    195       115    71
3            Yes               16.9          5    180       102    67
4            Yes               21.1          6    193       106    70
5            Yes               21.1          4    186       109    69
6             No               16.4          6    189       105    69
  Turn.circle Rear.seat.room Luggage.room Weight  Origin          Make
1          37           26.5           11   2705 non-USA Acura Integra
2          38           30.0           15   3560 non-USA  Acura Legend
3          37           28.0           14   3375 non-USA       Audi 90
4          37           31.0           17   3405 non-USA      Audi 100
5          39           27.0           13   3640 non-USA      BMW 535i
6          41           28.0           16   2880     USA Buick Century
```

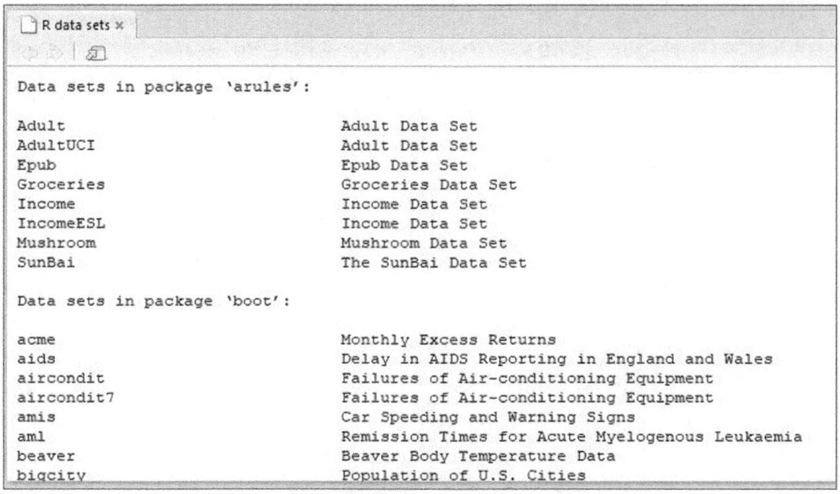
R data sets ×

Data sets in package 'arules':

```
Adult                          Adult Data Set
AdultUCI                       Adult Data Set
Epub                           Epub Data Set
Groceries                      Groceries Data Set
Income                         Income Data Set
IncomeESL                      Income Data Set
Mushroom                       Mushroom Data Set
SunBai                         The SunBai Data Set
```

Data sets in package 'boot':

```
acme                           Monthly Excess Returns
aids                           Delay in AIDS Reporting in England and Wales
aircondit                      Failures of Air-conditioning Equipment
aircondit7                     Failures of Air-conditioning Equipment
amis                           Car Speeding and Warning Signs
aml                            Remission Times for Acute Myelogenous Leukaemia
beaver                         Beaver Body Temperature Data
bigcity                        Population of U.S. Cities
```

图 1-28　所有 R 包中的数据集情况

1.5 小结

本章对 R 语言进行了简单的概述，主要包括对 R 包的使用及 R 的编译环境等的介绍。接下来对本章内容做一个小结。

R 语言编程基础

（1）认识 R 语言与 RStudio 的编译窗口，了解 R 语言的工作空间，建立与运行 R 程序。

（2）使用 install.package 函数安装 R 包，使用 library 函数加载 R 包。也可以采用 RStudio 的图形界面操作的方式进行 R 包的安装与加载。

（3）用 data 函数加载指定数据集进行数据集的调用。

课后习题

1. 选择题

（1）多行注释的快捷键是（　　　）。

    A．Ctrl+Shift+N　　B．Ctrl+N　　　　　　C．Ctrl+Shift+C　　　　D．Ctrl+C

（2）以下函数不能直接查看 plot 函数的帮助文档的是（　　　）。

    A．?plot　　　　　　B．??plot　　　　　　C．help(plot)　　　　　D．help("plot")

（3）以下 R 包的加载方式正确的是（　　　）。

    A．install.package 函数　　　　　　　B．library 函数

    C．.libPaths 函数　　　　　　　　　　D．install 函数

（4）以下 R 包中不能调用分类算法的是（　　　）。

    A．nnet 包　　　　　B．e1071 包　　　　C．tree 包　　　　　D．arules 包

2. 操作题

（1）依据 1.1 节的 R 下载及安装方法，在计算机上安装 R，通过熟悉基本操作的命令及操作界面，掌握软件的使用方法。

（2）依据 1.2 节的 RStudio 下载及安装方法，在计算机上安装 RStudio，并尝试通过帮助文档学习使用 plot 函数绘制简单的散点图。

（3）依据 1.3 节的 R 包下载及安装方法，在计算机上安装 DT 包（用于创建交互式表格），并在命令运行窗口运行命令 datatable(iris)，将得到交互式表格，如图 1-29 所示。

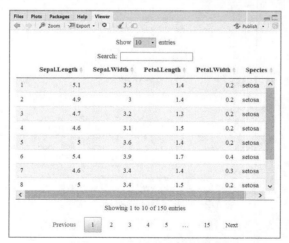

图 1-29　iris 数据集的交互式表格

（4）依据 1.4 节内容，加载 boot 包中的 acme 数据集，并查看 acme 数据集的前 6 项。同时，通过 help 函数查看 acme 数据集的数据含义并进行说明。

第❷章 数据对象与数据读写

日常生活中经常接触数据，数据是一切探索、分析的基础，比如，财务表格、患者住院单、学生成绩单等数据，它们是什么数据类型及是哪种数据结构，R 语言又是如何读写这些数据的，都值得深究。

本章将介绍 R 语言的数据结构，包括如何查看数据类型、转换对象的类型，以及数据结构的判断及转换，并详细介绍向量、矩阵等数据结构，最后介绍如何读写不同数据源的数据。

学习目标

（1）了解 R 语言中的数据类型，并掌握数据类型的判别方法及转换。
（2）了解 R 语言中的数据结构，并掌握不同数据结构的构建方式和转换。
（3）掌握不同数据源的数据读写方法。

2.1 查看数据类型

2.1.1 基本数据类型

一般来说，R 可以识别数值型、逻辑型、字符型、复数型、整数型等数据类型，如表 2-1 所示。

表 2-1　数据类型

数据类型	中文释义	示　　例
numeric	数值型	2、−3、5.8
logical	逻辑型	TRUE、FALSE、NA
character	字符型	"xiaotian" "hello"
complex	复数型	2i、5i、3+0i
integer	整数型	3L、5L、7L

（1）数值型（numeric）用来存储数值型数据，可以是正数、负数、整数、小数，在 R 中输入的任何一个数值都默认以 numeric 型存储。

（2）逻辑型（logical）用于存储 TRUE、FALSE 或 NA。在 R 语言中，TRUE 和 FALSE，

或者 T 和 F 都被理解为逻辑型数据。

（3）字符型（character）常常被引号包围，字符型向量中的单个元素称为字符串。注意：字符串不仅包含英文字母，也可以包含数字或符号。

（4）复数型（complex）即形如 1+0i 类的数据。

（5）整数型（integer），只能用来存储整数。在 R 中通过在数字后面加大写字母 L 的方式，声明该数字以整数型方式储存。在计算机内存中，整数型的定义方式要比数值型更加准确（除非该整数非常大或非常小）。

各数据类型组成了对象，包括向量、因子、数组、矩阵、数据框、时间序列、列表等，如表 2-2 所示。

表 2-2　对象包含的类型

对　　象	类　　型	是否允许同一个对象有多种类型
向量	数值型、字符型、复数型、逻辑型	否
因子	数值型、字符型	否
数组	数值型、字符型、复数型、逻辑型	否
矩阵	数值型、字符型、复数型、逻辑型	否
数据框	数值型、字符型、复数型、逻辑型	否
时间序列	数值型、字符型、复数型、逻辑型	否
列表	数值型、字符型、复数型、逻辑型	是

2.1.2　查看与转换对象类型

1．查看对象的类型

对于未知类型的对象，在 R 中有 3 个函数可以查看对象的类型：class 函数、mode 函数、typeof 函数，格式如下。

```
class(x)
mode(x)
typeof(x)
```

其中，x 为需要查看类型的对象。

创建 4 个不同类型的数据，展示 3 个函数的区别，如代码 2-1 所示。

代码 2-1　查看数据类型

```
> # 查看数据类型
> # 创建一个数据框，内含 3 个不同类型的向量，设置参数避免自动转换为因子型
>data <- data.frame(c1=c(1, 2, -3), c2=1:3, c3=TRUE, c4="mingtian",
stringsAsFactors=F)
> # 使用 mode 函数分别查看 4 个向量的数据类型
> sapply(data, mode)
        c1          c2          c3          c4
 "numeric"   "numeric"   "logical" "character"
```

```
> # 使用 class 函数分别查看 4 个向量的数据类型
> sapply(data, class)
        c1          c2          c3          c4
 "numeric"   "integer"   "logical" "character"
> # 使用 typeof 函数分别查看 4 个向量的数据类型
> sapply(data, typeof)
        c1          c2          c3          c4
  "double"   "integer"   "logical" "character"
```

通过代码 2-1 可以发现，从精细度上来说，typeof > class > mode。具体来说，mode 函数只查看数据的大类，class 函数查看数据的类，typeof 函数则更加细化，查看数据的细类。

2. 转换对象的类型

R 语言中有一系列的函数可以进行数据类型的判别和转换，如表 2-3 所示。

表 2-3　数据类型的判别和转换函数

类　　型	判别函数	转换函数
numeric	is.numeric	as.numeric
logical	is.logical	as.logical
character	is.character	as.character
integer	is.integer	as.integer
complex	is.complex	as.complex
double	is.double	as.double

构建一个对象，判断其中函数的类型，以及进行类型转换，如代码 2-2 所示。

代码 2-2　数据类型的判别及转换

```
> # 数据类型的判别及转换
> x <-c(1, 0, 3, 4)                 # 构建一个对象
> is.numeric(x)                     # 判别是否是数值型数据
[1] TRUE
> x1 <- "xiaoming"                  # 构建一个对象
> is.character(x1)                  # 判别是否是字符型数据
[1] TRUE
> x2 <- FALSE                       # 构建一个对象
> is.logical(x2)                    # 判别是否是逻辑型数据
[1] TRUE
> x3 <- 2i                          # 构建一个对象
> is.complex(x3)                    # 判别是否是复数型数据
[1] TRUE
> x4<-as.character(x3)              # 将对象转换为字符型数据
```

```
> is.character(x4)              # 判断是否转换为字符型数据
[1] TRUE
> x4                            # 查看转换之后的对象
[1] "0+2i"
> x5<-as.logical(x)             # 将对象转换为逻辑型数据
> is.logical(x5)                # 判别是否转换为逻辑型数据
[1] TRUE
> x5                            # 查看转换之后的对象
[1]  TRUE FALSE  TRUE  TRUE
```

2.2　判断数据结构

2.2.1　向量

向量是用于存储数值型、字符型、逻辑型或复数型数据的一维数组，是一种对象类型。

1．向量创建

（1）直接创建向量

创建向量的示例如代码 2-3 所示。

代码 2-3　创建向量

```
> # 向量创建
> x1 <- 1:5                     # 创建数值型向量
> x1
[1] 1 2 3 4 5
> x2 <- TRUE                    # 创建逻辑型向量
> x2
[1] TRUE
> x3 <- "A"                     # 创建字符型向量
> x3
[1] "A"
```

（2）c 函数创建向量

执行组合功能的 c 函数可以用来创建向量。单个向量中的数据必须拥有相同的类型或模式（数值型、字符型或逻辑型），同一向量中无法混杂不同模式的数据。使用 c 函数创建各类向量的方法如代码 2-4 所示。

代码 2-4　使用 c 函数创建向量

```
> # 向量创建
> x1 <- c(1,4,6,3)                      # 创建数值型向量
> x2 <- c("o","m","g")                  # 创建字符型向量
> x3 <- c(TRUE, FALSE, FALSE, TRUE)     # 创建逻辑型向量
```

（3）seq 函数创建等差序列的向量

seq 函数用于创建等差序列的向量，格式如下。

```
seq(from = 1, to = 1, by = ((to - from)/(length.out - 1)),length.out = NULL,
along.with = NULL, ...)
```

seq 函数的参数描述如表 2-4 所示。

表 2-4　seq 函数的参数描述

参　　数	描　　述
from	等差数列的首项，默认为 1
to	等差数列的末项，默认为 1
by	步长或等差增量
length.out	序列的长度
along.with	用于指明该向量与另外一个向量的长度相同，along.with 后应为另外一个向量的名字

seq 函数的示例如代码 2-5 所示。

代码 2-5　seq 函数示例

```
> # 等差序列的创建
> x1 <- seq(1, 11, by=2)              # 给出首项和末项数据及步长，自动计算长度
> x1
[1]  1  3  5  7  9 11
> x2 <- seq(1, -11, length.out = 7)   # 给出首项和末项数据及序列长度，自动计算步长
> x2
[1]   1  -1  -3  -5  -7  -9 -11
> x3 <- seq(4, by=2, length.out = 5)  # 给出首项和步长及序列长度，自动计算末项
> x3
[1]  4  6  8 10 12
> x4 <- seq(by=3, along.with = x3)    # 给出的步长及序列长度与 x3 相同，默认首项为 1
> x4
[1]  1  4  7 10 13
> x5 <- seq(length.out = 5)           # 给出序列长度，默认首项为 1
> x5
[1] 1 2 3 4 5
```

（4）rep 函数创建重复序列

rep 函数是用于创建重复序列的函数，其能将某一向量重复若干次，格式如下。

```
rep(x, times = 1, length.out = NA, each = 1)
```

rep 函数的参数描述如表 2-5 所示。

表 2-5　rep 函数参数描述

参　　数	描　　述
x	要重复的序列对象
times	重复的次数

续表

参　数	描　述
length.out	序列的长度
each	每个元素重复的次数，初始值为 1

rep 函数的示例如代码 2-6 所示。

代码 2-6　rep 函数示例

```
> # 重复序列的创建
> x1 <- rep(1:4, 3)  # 重复序列 3 次
> x1
 [1] 1 2 3 4 1 2 3 4 1 2 3 4
> x2 <- rep(1:4, each=2)                    # 序列中的每个元素分别重复两次
> x2
[1] 1 1 2 2 3 3 4 4
> x3 <- rep(c(3, 2), c(2, 5))               # 按照规则重复序列中的各个元素
> x3
[1] 3 3 2 2 2 2 2
> x4 <- rep(c(3, 2), each=2, length.out=3) # 序列中的各个元素分别重复两次，规定生成
# 序列的长度为 3
> x4
[1] 3 3 2
> x5 <- rep(c(3, 2), each=2, times=3) # 序列中的各个元素分别重复两次，整个序列重复 3 次
> x5
 [1] 3 3 2 2 3 3 2 2 3 3 2 2
> x6 <- rep(c("因子 1", "因子 2", "因子 3"), 3) # 将字符型变量序列重复 3 次
> x6
[1] "因子 1" "因子 2" "因子 3" "因子 1" "因子 2" "因子 3" "因子 1" "因子 2" "因子 3"
```

2．向量索引

向量的索引可以通过元素的下标、逻辑向量、元素名称、which 函数、subset 函数、match 函数等方式实现，如代码 2-7 所示。

代码 2-7　向量索引示例

```
> # 向量索引
> # 下标索引
> ve <- c(1, 2, 3, 4, 5, 6)                 # 创建向量
> ve[2]                                     # 查看第 2 个元素
[1] 2
> ve[1:3]                                   # 查看前 3 个元素
[1] 1 2 3
```

```
> ve[c(2, 4, 5)]                    # 查看第 2、4、5 个元素的值
[1] 2 4 5
> ve[-1]                            # 查看除第 1 个元素之外的所有元素
[1] 2 3 4 5 6
> ve[-c(1:3)]                       # 查看除了前 3 个元素之外的所有元素
[1] 4 5 6
> # 逻辑索引
> ve[c(TRUE, TRUE, FALSE, FALSE, TRUE, FALSE)]   # 通过逻辑序列查看第 1、2、5 个元素
[1] 1 2 5
> # 名称索引
> names(ve) <- c("one", "two", "three", "four", "five", "six")   # 给向量中的每
> # 个元素命名
> ve[c("one", "two", "six")]        # 查看名称为 one、two、six 的元素
one two six
  1   2   6
> # which 函数索引
> which(ve == 1)                    # 向量中等于 1 的元素所在的位置
one
  1
> which(ve == 1 | ve == 3)          # 向量中等于 1 或 3 的元素所在的位置
  one three
    1     3
> which(ve > 1 & ve <= 4)           # 满足多重条件的元素所在的位置
  two three  four
    2     3     4
> which.max(ve)                     # 最大值所在的位置
six
  6
> which.min(ve)                     # 最小值所在的位置
one
  1
> # subset 函数索引
> subset(ve, ve > 1 & ve < 5)       # 检索向量中满足条件的元素
  two three  four
    2     3     4
> subset(ve, c(TRUE, FALSE, TRUE))  # 逻辑向量通过重复自动补齐
  one three  four   six
    1     3     4     6
> # match 函数索引
```

```
> match(ve, c(1, 2))          # 函数 match(x,y)返回的是 x 中的每个元素在 y 中对应的位置，
> # 如果 x 中的元素在 y 中不存在，则该位置返回 NA
[1]  1  2 NA NA NA NA   # 因为 x 中的 3、4、5、6 在 c(1,2) 中不存在，所以后面 4 个为 NA
> match(ve, c(1, 3, 5, 6, 8, 9)) # ve 中的 2 在给定的序列中不存在，所以第 2 个为 NA
> # ve 中的 3 在给定的序列中的位置为 2，所以 ve 中的第 3 个元素的位置为 2
[1]  1 NA  2 NA  3  4
> c(1, 5)%in%ve               # 判断向量中是否包含某项数据
[1] TRUE TRUE
```

3．向量编辑

向量编辑主要包括元素扩展、删除元素、改变元素的值等操作。向量的扩展通过 c 函数实现。要注意的是，扩展的元素必须与原向量中包含的元素的类型保持一致，否则会报错。向量中的元素的删除通过减号加元素下标的形式实现，如代码 2-8 所示。

代码 2-8　向量编辑

```
> # 向量编辑
> x1 <- c(1, 2, 3, 4, 5)       # 创建一个向量
> # 向量扩展
> x2 <- c(x1, c(6, 7, 8))      # 增加了 3 个元素
> x2
[1] 1 2 3 4 5 6 7 8
> x3 <- append(x2, 9)          # 在向量最后追加一个新元素 9
> x3
[1] 1 2 3 4 5 6 7 8 9
> x4 <- append(x3, c(88, 99))  # 在向量后追加两个新元素
> x4
 [1]  1  2  3  4  5  6  7  8  9 88 99
> x5 <- append(x4, 100, 3)     # 在第 3 个元素后追加一个新元素 100
> x5
 [1]   1   2   3 100   4   5   6   7   8   9  88  99
> # 改变元素的值
> x1[1] <- 11                  # 把向量的第 1 个元素改为 11
> x1
[1] 11  2  3  4  5
> x1[1:3] <- 11                # 把向量的前 3 个元素都改为 11
> x1
[1] 11 11 11  4  5
> x1[1:3] <- c(11, 22, 33)     # 把向量的前 3 个元素分别改为 11、22、33
> x1
[1] 11 22 33  4  5
> x1[x1>5] <- 11               # 把向量中大于 5 的元素改为 11
```

```
> x1
[1] 11 11 11  4  5
> # 删除元素
> x1 <- x1[-1]                          # 把向量的第 1 个元素删除
> x1
[1] 11 11  4  5
> x1 <- x1[c(2:4)]                      # 删除除位置为 2、3、4 之外的元素
> x1
[1] 11  4  5
> x1 <- x1[-c(1:2)]                     # 从向量中删除了位置为 1、2 的元素
> x1
[1] 5
```

4．向量排序

在 R 语言中主要通过 sort 函数对向量进行排序，格式如下。

```
sort(x, decreasing = FALSE, na.last = NA, ...)
```

sort 函数的参数描述如表 2-6 所示。

表 2-6　sort 函数的参数描述

常用参数	参数描述	选　　项
x	排序的对象	排序的对象为数值型，也可以是字符型
decreasing	排序的顺序	默认设置为 FALSE，即升序排序；设置为 TRUE 时，为降序排序
na.last	是否将缺失值放到序列的最末尾	默认设置为 FALSE，而当设置为 TRUE 时，向量中的 NA 值将被放到序列的末尾

使用 sort 函数对向量排序的示例如代码 2-9 所示。

代码 2-9　向量排序

```
> # 向量排序
> # 创建 3 个无序的向量
>x <- c(5, 6, 8, 7, 4, 1, 9)
>x1 <- c("B", "A", "C")
>x2 <- c(3, 2, NA, 1, 4, 5)
> sort(x, decreasing = FALSE)          # 数值型数据排序（默认顺序为升序）
[1] 1 4 5 6 7 8 9
> sort(x, decreasing = TRUE)
[1] 9 8 7 6 5 4 1
> sort(x1)                             # 字符型数据排序
[1] "A" "B" "C"
> sort(x2, na.last = TRUE)             # 将缺失值（NA）放置到序列末尾
```

```
[1]  1  2  3  4  5  NA
> rev(x)                              # 使用 rev 函数将向量倒序，即将原向量的元素按位置翻转
[1] 9 1 4 7 8 6 5
```

2.2.2　矩阵

众所周知，矩阵包含行和列，分为单位矩阵、对角矩阵和普通矩阵。另外，矩阵可以进行四则运算，以及进行求特征值、特征向量等运算。

1. 创建矩阵

通过 matrix 函数可以创建矩阵，格式如下。

```
matrix(data = NA, nrow = 1, ncol = 1, byrow = FALSE,dimnames = NULL)
```

matrix 函数的常用参数描述如表 2-7 所示。

表 2-7　matrix 函数的常用参数描述

参　　数	描　　述
data	矩阵的元素
nrow	行的维数
ncol	列的维数
byrow	矩阵的元素是否按行填充，默认为 FALSE
dimnames	以字符型向量表示的行名和列名

使用 matrix 函数创建矩阵的示例如代码 2-10 所示。

代码 2-10　创建矩阵

```
> # 创建矩阵
> x <- 1:6
> diag(x)        # 创建对角矩阵
     [,1] [,2] [,3] [,4] [,5] [,6]
[1,]    1    0    0    0    0    0
[2,]    0    2    0    0    0    0
[3,]    0    0    3    0    0    0
[4,]    0    0    0    4    0    0
[5,]    0    0    0    0    5    0
[6,]    0    0    0    0    0    6
> x1 <- rep(1, 5)
> diag(x1)          # 创建单位矩阵
     [,1] [,2] [,3] [,4] [,5]
[1,]    1    0    0    0    0
[2,]    0    1    0    0    0
[3,]    0    0    1    0    0
```

```
[4,]    0    0    0    1    0
[5,]    0    0    0    0    1
> # 创建一个矩阵，定义矩阵的列数为 2，行数为 5，按行读取数据
> a <- matrix(1:10, ncol=2, nrow=5, byrow=T)
> a
     [,1] [,2]
[1,]    1    2
[2,]    3    4
[3,]    5    6
[4,]    7    8
[5,]    9   10
> b <- matrix(1:10) # 创建一个矩阵，定义矩阵的列数为 2，行数为 5，按列读取数据
> dim(b) = c(5, 2)
> b
     [,1] [,2]
[1,]    1    6
[2,]    2    7
[3,]    3    8
[4,]    4    9
[5,]    5   10
> # 创建一个 5 行 2 列的按列读取数据的矩阵；dimnames 定义矩阵行列的名称
> (c<-matrix(1:10, ncol=2, nrow=5, byrow=F,
+            dimnames=list(c("r1","r2","r3","r4","r5"),c("c1","c2"))))
   c1 c2
r1  1  6
r2  2  7
r3  3  8
r4  4  9
r5  5 10
```

2．矩阵索引

由于矩阵是管理二维数据的，所以使用两个下标便可以表示矩阵中的元素。这里的矩阵索引与向量索引是类似的，即矩阵也是使用下标和方括号来选择矩阵中的行、列或者元素的，如代码 2-11 所示。

代码 2-11　矩阵索引

```
> # 矩阵索引
> # 示例矩阵
> a <- matrix(1:10, ncol=2, nrow=5, byrow=F,
+   dimnames=list(c("r1", "r2", "r3", "r4", "r5"), c("c1", "c2")))
> a
```

```
     c1  c2
r1  1   6
r2  2   7
r3  3   8
r4  4   9
r5  5   10
> # 根据位置索引
> a[3, 2]
[1] 8
> # 根据行和列的名称索引
> a["r2", "c2"]
[1] 7
> # 使用一维下标索引
> a[1, ]                      # 检索第 1 行
c1 c2
 1  6
> a[, 1]                      # 检索第 1 列
r1 r2 r3 r4 r5
 1  2  3  4  5
> # 使用数值型向量索引
> a[c(3:4), ]                 # 检索第 3、4 行
     c1  c2
r3  3   8
r4  4   9
```

3. 矩阵编辑

矩阵的编辑主要包括修改矩阵元素的值、删除指定的行或列、矩阵的合并，如代码 2-12 所示。

代码 2-12　矩阵的编辑

```
> # 矩阵的编辑
> x <- c(1:12)
> a <- matrix(x, ncol=4, nrow=3, byrow=F,
+    dimnames=list(c("r1", "r2", "r3"), c("c1", "c2", "c3", "c4")))
> a
   c1 c2 c3 c4
r1  1  4  7 10
r2  2  5  8 11
r3  3  6  9 12
> # 修改单个值
> a[1, 2] = 12
```

```
> a["r2", "c2"] = 22
> a
   c1 c2 c3 c4
r1  1 12  7 10
r2  2 22  8 11
r3  3  6  9 12
> # 修改某一行的数据
> a[2, ] = c(21, 22, 23, 24)        # 将矩阵第 2 行的数据修改为 21、22、23
> a["r1" ,] = c(11, 13)             # 将矩阵名称为 r1 的行的数据修改为 11、13
> # 向量的数据可以重复，以补齐到与矩阵 a 的列数相同，如 11、13、11、13
> a
   c1 c2 c3 c4
r1 11 13 11 13
r2 21 22 23 24
r3  3  6  9 12
> # 修改某一列的数据
> a[, 1] = c(11, 21, 31)            # 将矩阵的第 1 列数据修改为 11、21、31
> a[, "c2"] = c(221:223)            # 将矩阵中名为 c2 的列数据改为 221、222、223
> a
   c1  c2 c3 c4
r1 11 221 11 13
r2 21 222 23 24
r3 31 223  9 12
> # 删除指定的行或列
> a <- a[-2, ]                      # 删除矩阵的第 2 行
> a
   c1  c2 c3 c4
r1 11 221 11 13
r3 31 223  9 12
> a <- a[, -2]                      # 删除矩阵的第 2 列
> a
   c1 c3 c4
r1 11 11 13
r3 31  9 12
> # 矩阵合并
> a1 <- rbind(a, c(11, 12, 13))     # 按行的形式合并
> a1
   c1 c3 c4
r1 11 11 13
r3 31  9 12
```

```
   11 12 13
> a2 <- cbind(a, c(21, 22))          # 按列的形式合并
> a2
   c1 c3 c4
r1 11 11 13 21
r3 31  9 12 22
> a3 <- rbind(a, 1)                   # 按行的形式合并时，循环补足后合并
> a3
   c1 c3 c4
r1 11 11 13
r3 31  9 12
    1  1  1
> a4 <- cbind(a, 1)                   # 按列的形式合并时，循环补足后合并
> a4
   c1 c3 c4
r1 11 11 13 1
r3 31  9 12 1
```

4. 矩阵运算

R 语言中有丰富的用于矩阵运算的函数，包括四则运算、求矩阵各行列的和、求矩阵各行列的均值、转置等。表 2-8 列出了 R 语言中常用的矩阵运算。

表 2-8　矩阵运算常用的函数

函　　数	功　　能
+-*/	四则运算，要求矩阵的维数相同，对对应位置的各元素进行运算
colSums	对矩阵的各列求和
rowSums	对矩阵的各行求和
colMeans	对矩阵的各列求均值
rowMeans	对矩阵的各行求均值
t	对矩阵的行列进行转置
det	求解方阵的行列式
crossprod	求解两个矩阵的内积
outer	求解矩阵的外积（叉积）
%*%	矩阵乘法，要求第 1 个矩阵的列数与第 2 个矩阵的行数相同
diag	对矩阵取对角元素，若对象为向量，则生成以向量为对角元素的对角矩阵
solve	对矩阵求解逆矩阵，要求矩阵可逆
eigen	对矩阵求解特征值和特征向量

代码 2-13 给出了有关矩阵运算函数的示例。

代码 2-13 矩阵的运算

```
> # 矩阵的运算
> A <- matrix(c(1:9), ncol=3, nrow=3)
> B <- matrix(c(9:1), ncol=3, nrow=3)
> # 四则运算：加减乘除，要求两个矩阵的维数相同，对对应各位置的元素做运算
> C = 2 * A + B - B / A
> # 对矩阵的各列求和
> colsums_A = colSums(A)
> # 对矩阵的各列求均值
> colmeans_A = colMeans(A)
> # 对矩阵的各行求和
> rowsums_A = rowSums(A)
> # 对矩阵的各行求均值
> rowmeans_A = rowMeans(A)
> # 转置运算
> trans_A = t(A)        # 行列转置
> det_A = det(A)        # 方阵求解行列式
> # 矩阵的内积
> crossprod(A,B)
     [,1] [,2] [,3]
[1,]   46   28   10
[2,]  118   73   28
[3,]  190  118   46
> inner_product = t(A)%*%B          # 等价于 crossprod(A,B)
> # 矩阵的外积（叉积）
> outer(A, B)
, , 1, 1

     [,1] [,2] [,3]
[1,]    9   36   63
[2,]   18   45   72
[3,]   27   54   81

...

, , 3, 3

     [,1] [,2] [,3]
[1,]    1    4    7
```

```
[2,]    2    5    8
[3,]    3    6    9
> cross_product = A%o%B          # 等价于 outer(A,B)
> # 矩阵的乘法要求矩阵 A 的列数和矩阵 B 的行数相等
> (D = A%*%B)
     [,1] [,2] [,3]
[1,]   90   54   18
[2,]  114   69   24
[3,]  138   84   30
> # 对矩阵取对角元素及生成对角矩阵
> diag_A = diag(A)              # 矩阵取对角元素
> diag(diag_A)                  # 生成对角矩阵
     [,1] [,2] [,3]
[1,]    1    0    0
[2,]    0    5    0
[3,]    0    0    9
> # 求解逆矩阵, 要求矩阵可逆 (行列式不为 0)
> M <- matrix(c(1:8, 10), ncol=3, nrow=3)
> inverse_M=solve(M)
> # 求解矩阵的特征值和特征向量
> ev_M = eigen(M)
```

　注：此处部分的结果已省略。

2.2.3　数组

　　数组与矩阵类似，可以说矩阵是特殊的二维数组。数组是多维的同一类型集合（字符型、数值型、逻辑型、复数型），R 语言可以很容易地生成和处理数组。

　　1．创建数组

　　与创建矩阵类似，数组可以通过 array 函数创建，格式如下。

```
array(data = NA, dim = length(data), dimnames = NULL)
```

　　array 函数的参数描述如表 2-9 所示。

表 2-9　array 函数的参数描述

参　　数	描　　述
data	数组的元素
dim	数组的维数，指以数值型向量表示的各个维度下标的最大值
dimnames	可选参数，各维度名称标签的列表

　　array 函数创建数组的示例如代码 2-14 所示。

代码 2-14　创建数组

```
> # 创建数组
> # 定义数组各维度的名称
> dim1 <- c("A1", "A2")
> dim2 <- c("B1", "B2", "B3")
> dim3 <- c("C1", "C2", "C3", "C4")
> # 创建数组，数组维数为 3，各维度下标的最大值为 2、3、4
> z <- array(1:24, c(2, 3, 4), dimnames=list(dim1, dim2, dim3))
> z
, , C1

   B1 B2 B3
A1  1  3  5
A2  2  4  6


, , C2

   B1 B2 B3
A1  7  9 11
A2  8 10 12


, , C3

   B1 B2 B3
A1 13 15 17
A2 14 16 18


, , C4

   B1 B2 B3
A1 19 21 23
A2 20 22 24
```

2. 数组索引

数组是矩阵的一个自然推广。与矩阵一样，数组中的数据也只能拥有一种模式。从数组中选取元素的方式与矩阵相同。不同的是数组的维度更高，下标也更为复杂。

数组索引的示例如代码 2-15 所示。

代码 2-15　数组索引

```
> # 数组索引
> # 示例数组
```

```
> dim1 <- c("A1", "A2")
> dim2 <- c("B1", "B2", "B3")
> dim3 <- c("C1", "C2", "C3", "C4")
> # 创建数组，数组维数为 3，各维度下标的最大值为 2、3、4
> z <- array(1:24, c(2, 3, 4), dimnames=list(dim1, dim2, dim3))
> # 根据位置索引
> z[2, 3, 1]
[1] 6
> # 根据维度名称索引
> z["A2", "B3", "C1"]
[1] 6
> # 查看数组的维度
> dim(z)
[1] 2 3 4
```

2.2.4　数据框

数据框是仅次于向量的最重要的数据对象类型，是 R 语言中最常处理的数据结构。表 2-10 所示的病例数据集包含了数值型和字符型数据，由于数据有多种数据类型，所以无法将此数据集放入一个矩阵。在这种情况下，数据框是最佳选择。

表 2-10　病例数据集

病人编号 （patientID）	入院时间 （admDate）	年龄 （age）	糖尿病类型 （diabetes）	病情 （status）
1	10/15/2009	25	Type 1	Poor
2	11/01/2009	34	Type 2	Improved
3	10/21/2009	28	Type 1	Excellent
4	10/28/2009	52	Type 1	Poor

在实际操作中，数据框的一列数据代表某一变量属性的所有取值，用行数据代表某一样本数据。

1．创建数据框

数据框可以通过使用 data.frame 函数把多个向量组合来创建，并设置列名称，格式如下。

```
data.frame(col1,col2,col3,...)
```

其中的列向量 col1、col2、col3 等参数可以为任意类型（如数值型、字符型或者逻辑型）。data.frame 函数创建数据框的示例如代码 2-16 所示。

代码 2-16　创建数据框

```
> # 创建数据框
> patientID <- c(1, 2, 3, 4)
> age <- c(25, 34, 28, 52)
```

```
> diabetes <- c("Type1", "Type2", "Type1", "Type1")
> status <- c("Poor", "Improved", "Excellent", "Poor")
> patientdata <- data.frame(patientID, age, diabetes, status)
> patientdata
  patientID  age  diabetes     status
1         1   25    Type1       Poor
2         2   34    Type2       Improved
3         3   28    Type1       Excellent
4         4   52    Type1       Poor
```

2. 数据框索引

数据框的索引和矩阵类似，主要有下标索引、行或列名称索引、元素索引。此外，对于数据框，还可以使用 $ 符号按名称索引列数据，subset 函数按条件索引，sqldf 包中的 sqldf 函数使用 sql 语句索引。

subset 函数的格式如下。

```
subset(x,subset,select,drop,...)
```

sqldf 函数的格式如下。

```
sqldf(x, stringsAsFactors = FALSE,row.names = FALSE, envir = parent.frame(),...)
```

数据框的索引示例如代码 2-17 所示。

代码 2-17　数据框索引

```
> # 数据框索引
> # 创建数据框
> patientID <- c(1, 2, 3, 4)
> age <- c(25, 34, 28, 52)
> diabetes <- c("Type1", "Type2", "Type1", "Type1")
> status <- c("Poor", "Improved", "Excellent", "Poor")
> patientdata <- data.frame(patientID, age, diabetes, status)
> patientdata
  patientID age diabetes     status
1         1  25   Type1     Poor
2         2  34   Type2     Improved
3         3  28   Type1     Excellent
4         4  52   Type1     Poor
> # 列索引
> patientdata[,1]         # 索引第 1 列
[1] 1 2 3 4
> patientdata$age         # 按列的名称索引
[1] 25 34 28 52
> # 行索引
> patientdata[1, ]        # 索引第 1 行
```

```
  patientID age diabetes status
1        1  25    Type1   Poor
> patientdata[2:4, ]  # 索引第 2~4 行
  patientID age diabetes    status
2        2  34    Type2  Improved
3        3  28    Type1 Excellent
4        4  52    Type1      Poor
> # 元素索引
> patientdata[2, 3]  # 索引第 2 行和第 3 列元素
[1] Type2
Levels: Type1 Type2
> # subset 函数索引
> subset(patientdata, diabetes == "Type1")  # 按条件索引行
  patientID age diabetes    status
1        1  25    Type1      Poor
3        3  28    Type1   Excellent
4        4  52    Type1      Poor
> # sqldf 函数索引
> library(sqldf)
> newdf <- sqldf("select*from patientdata where age == 25", row.names = T)
> newdf
  patientID age diabetes status
1        1  25    Type1   Poor
```

3. 数据框编辑

数据框可以通过 edit 函数和 fix 函数手动修改，也可以通过 rbind 函数和 cbind 函数分别增加新的样本数据和新属性变量。需要注意的是，rbind 函数的自变量的宽度（列数）应该与原数据框的宽度相等，而 cbind 函数的自变量的高度（行数）应该与原数据框的高度相等，否则程序将会报错。此外，names 函数可以读取数据框的列名以进行修改操作。

数据框的扩展、删减及列名的修改示例如代码 2-18 所示。

代码 2-18　数据框编辑

```
> # 数据框编辑
> # 创建示例数据框
> data_iris <- data.frame(Sepal.Length = c(5.1, 4.9, 4.7, 4.6),
+ Sepal.Width = c(3.5, 3.0, 3.2, 3.1),
Petal.Length = c(1.4, 1.4, 1.3, 1.5),
+ Pe.tal.Width = rep(0.2, 4))
> data_iris
  Sepal.Length Sepal.Width Petal.Length Pe.tal.Width
1          5.1         3.5          1.4          0.2
2          4.9         3.0          1.4          0.2
```

```
3          4.7          3.2          1.3          0.2
4          4.6          3.1          1.5          0.2
> # 手动修改
> data_irisnew <- edit(data_iris)
> fix(data_iris)
# 增加新的样本数据
> (data_iris <- rbind(data_iris, list(5.0, 3.6, 1.4, 0.2)))
   Sepal.Length Sepal.Width Petal.Length Pe.tal.Width
1          5.1          3.5          1.4          0.2
2          4.9          3.0          1.4          0.2
3          4.7          3.2          1.3          0.2
4          4.6          3.1          1.5          0.2
5          5.0          3.6          1.4          0.2
> # 增加数据集的新属性变量
> (data_iris <- cbind(data_iris, Species = rep("setosa", 5)))
   Sepal.Length Sepal.Width Petal.Length Pe.tal.Width Species
1          5.1          3.5          1.4          0.2 setosa
2          4.9          3.0          1.4          0.2 setosa
3          4.7          3.2          1.3          0.2 setosa
4          4.6          3.1          1.5          0.2 setosa
5          5.0          3.6          1.4          0.2 setosa
> # 数据框的删除
> data_iris[, -1]                          # 删除第 1 列
   Sepal.Width Petal.Length Pe.tal.Width Species
1          3.5          1.4          0.2 setosa
2          3.0          1.4          0.2 setosa
3          3.2          1.3          0.2 setosa
4          3.1          1.5          0.2 setosa
5          3.6          1.4          0.2 setosa
> data_iris[-1, ]                          # 删除第 1 行
   Sepal.Length Sepal.Width Petal.Length Pe.tal.Width Species
2          4.9          3.0          1.4          0.2 setosa
3          4.7          3.2          1.3          0.2 setosa
4          4.6          3.1          1.5          0.2 setosa
5          5.0          3.6          1.4          0.2 setosa
> # 数据框列名的编辑
> names(data_iris)                         # 查看数据框的列名
[1] "Sepal.Length" "Sepal.Width"  "Petal.Length" "Pe.tal.Width" "Species"
> names(data_iris)[1] = "sepal.length"     # 将数据框的第 1 列列名改为 sepal.length
> names(data_iris)                         # 查看修改后的数据框的列名
[1] "sepal.length" "Sepal.Width"  "Petal.Length" "Pe.tal.Width" "Species"
```

2.2.5 列表

列表（list）是 R 语言的数据类型中最为复杂的一种。一般来说，列表就是一些对象（或成分，component）的有序集合。列表允许整合若干（可能无关的）对象到单个对象名下。例如，某个列表中可能是若干向量、矩阵、数据框，甚至其他列表的组合。同一个列表中的向量、矩阵和数组的元素必须是同一类型的数据。一个数据对象若包含不同的数据类型，则其可以采用列表这种形式。

1. 创建列表

list 函数用于创建列表，格式如下。

```
list(object1,object2,...)
```

其中的对象可以是目前为止介绍过的任何类型。创建列表时，列表中的对象命名的格式如下。

```
list(name1=object1,name2=object2,...)
```

创建列表的示例如代码 2-19 所示。

代码 2-19　创建列表

```
> # 创建列表
> data <- list(a = c(11, 22, 33, 44), b = matrix(1:10, nrow=2),
+   c = "one, two, three", d = c(FALSE, TRUE))
> # 输出整个列表
> data
$a
[1] 11 22 33 44

$b
    [,1] [,2] [,3] [,4] [,5]
[1,]   1    3    5    7    9
[2,]   2    4    6    8   10

$c
[1] "one,two,three"

$d
[1] FALSE  TRUE
> # 查看列表的数据结构
> summary(data)
  Length Class  Mode
a 4      -none- numeric
b 10     -none- numeric
c 1      -none- character
```

```
d 2     -none- logical
> data[[3]]   # 输出第 3 个对象
[1] "one,two,three"
> data[["c"]]
[1] "one,two,three"
```

2. 列表索引

对于列表的索引，既可以直接使用列表下标的形式，也可以使用列名称的形式，格式如下。

```
<list 对象>[[下标]]
<list 对象>[["对象名称"]]
<list 对象>$对象名称
```

使用多种方式进行列表索引，如代码 2-20 所示。

代码 2-20　列表索引

```
> # 列表索引
> # 示例列表
> data <- list(a = c(11, 22, 33, 44), b = matrix(1:10, nrow = 2),
+   c = "one, two, three", d = c(FALSE, TRUE))
> # 输出整个列表
> data
$a
[1] 11 22 33 44

$b
    [,1] [,2] [,3] [,4] [,5]
[1,]   1    3    5    7    9
[2,]   2    4    6    8   10

$c
[1] "one,two,three"

$d
[1] FALSE  TRUE
> # 列索引
> data[[1]]                  # 索引第 1 列
[1] 11 22 33 44
> data$a                     # 索引列名称为 a 的对象
[1] 11 22 33 44
> data[["a"]]                # 索引列名称为 a 的对象
[1] 11 22 33 44
```

```
> # 元素索引
> data[[1]][1]                    # 索引第 1 个对象的第 1 个元素
[1] 11
```

3. 列表编辑

列表的编辑与向量的编辑类似，可使用 c 函数进行合并。与其他数据结构不同的是，把列表转换为向量时需要用到 unlist 函数，格式如下。

```
unlist(x)
```

可对列表进行合并操作，并可将列表转换为向量，如代码 2-21 所示。

代码 2-21　列表编辑

```
> # 列表编辑
> # 示例列表
> data <- list(a = c(11, 22, 33, 44), b = matrix(1:10, nrow = 2),
+   c = "one, two, three", d = c(FALSE, TRUE))
> # 输出整个列表
> data
$a
[1] 11 22 33 44

$b
     [,1] [,2] [,3] [,4] [,5]
[1,]    1    3    5    7    9
[2,]    2    4    6    8   10

$c
[1] "one,two,three"

$d
[1] FALSE  TRUE
> # 删除名称为 a 的对象
> data$a <- NULL
> data
$b
     [,1] [,2] [,3] [,4] [,5]
[1,]    1    3    5    7    9
[2,]    2    4    6    8   10

$c
[1] "one,two,three"
```

```
$d
[1] FALSE  TRUE
> # 增加名称为 e 的对象
> data1 <- c(data, list(e = c(5, 6, 7)))
> data1
$b
    [,1] [,2] [,3] [,4] [,5]
[1,]   1    3    5    7    9
[2,]   2    4    6    8   10

$c
[1] "one,two,three"

$d
[1] FALSE  TRUE

$e
[1] 5 6 7
> # 另外一种形式，与上面等价
> data2 <- c(data, e = list(c(5, 6, 7)))
> # 列表转换为向量
> unlist(data1)
     b1    b2   b3   b4    b5    b6   b7   b8   b9   b10
   "1"   "2"  "3"  "4"   "5"   "6"  "7"  "8"  "9"  "10"
 c                 d1   d2    e1    e2   e3
   "one,two,three"            "FALSE" "TRUE" "5"    "6"   "7"
> # 创建一个新列表
> data2 <- list(1, 2, 3, 4)
> data2
[[1]]
[1] 1

[[2]]
[1] 2

[[3]]
[1] 3

[[4]]
[1] 4
```

```
> # 列表合并
> c(data1, data2)
$b
     [,1] [,2] [,3] [,4] [,5]
[1,]    1    3    5    7    9
[2,]    2    4    6    8   10
$c
[1] "one,two,three"
$d
[1] FALSE  TRUE
$e
[1] 5 6 7
[[5]]
[1] 1
[[6]]
[1] 2
[[7]]
[1] 3
[[8]]
[1] 4
```

2.2.6 数据结构的判别与转换

R 语言中有一系列的函数可以进行数据结构的判别和转换，如表 2-11 所示。

表 2-11 判别及转换函数

数据结构	判别函数	转换函数
向量	is.vector	视具体情况而定
矩阵	is.matrix	as.matrix
数组	is.array	as.array
数据框	is.data.frame	as.data.frame
列表	is.list	as.list

数据结构的判别及转换示例如代码 2-22 所示。

代码 2-22 数据结构的判别及转换

```
> # 数据结构的判别及转换
> data1 <- c(1,2,3,4)          # 构建一个向量
> is.vector(data1)            # 判断是否是向量
[1] TRUE
> data2 <- matrix(1:9, 3, 3)    # 构建一个矩阵
```

```
> data2
     [,1] [,2] [,3]
[1,]    1    4    7
[2,]    2    5    8
[3,]    3    6    9
> is.matrix(data2)          # 判断是否是矩阵
[1] TRUE
> dim1 <- c("A1", "A2")
> dim2 <- c("B1", "B2", "B3")
> dim3 <- c("c1","c2")
> data3 <- array(1:12, c(2, 3, 2), dimnames=list(dim1, dim2,
+    dim3))# 构建一个数组
> is.array(data3)           # 判断是否是数组
[1] TRUE
> data4 <- data.frame(a = c(1, 2), b = c("Happy", "you"),
+   c = c(TRUE, FALSE))     # 构建一个数据框
> is.data.frame(data4)      # 判断是否是数据框
[1] TRUE
> data5 <- list(a = c(11, 22, 33, 44), b = matrix(1:10, nrow = 2),
+   c = "one, two, three")  # 构建一个列表
> is.list(data5)            # 判断是否是列表
[1] TRUE
> data6 <- as.matrix(data1)    # 将向量转换为矩阵
> is.matrix(data6)
[1] TRUE
> data6                        # 查看转换之后的对象
     [,1]
[1,]    1
[2,]    2
[3,]    3
[4,]    4
> data9 <- as.matrix(data4)      # 将数据框转换为向量，需要先转换为矩阵，然后转换为向量
> data10 <- as.vector(data9)
> is.vector(data10)
[1] TRUE
> data10                       # 查看转换之后的对象
[1] "1"     "2"     "Happy" "you"   " TRUE" "FALSE"
> data11 <- unlist(data5)    # 将列表转换为向量
> is.vector(data11)
[1] TRUE
```

```
> data12 <- as.matrix(data5)        # 将列表转换为矩阵
> data12                            # 查看转换之后的对象
  [,1]
a Numeric,4
b Integer,10
c "one,two,three"
> is.matrix(data12)                 # 判断是否是矩阵
[1] TRUE
```

2.3 读写不同数据源的数据

R 语言可通过文本文件、统计软件、键盘、特殊格式的文件及多种关系型数据库导入数据，如图 2-1 所示。

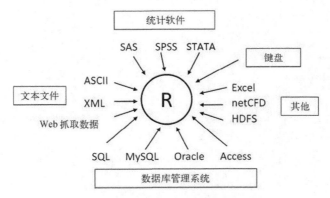

图 2-1　R 语言可以导入多种类型数据

2.3.1 从键盘导入数据

R 中的 edit 函数会自动调用一个允许手动输入数据的文本编辑器，具体步骤如下。

（1）创建一个空数据框（或矩阵），设置变量名和变量的模式。

（2）针对这个数据对象调用文本编辑器，输入数据，并将结果保存在此数据对象中。

使用键盘导入数据的示例如代码 2-23 所示。

代码 2-23　从键盘导入数据

```
> # 键盘输入
> # 创建一个指定模式但不含数据的变量
> mydata <- data.frame(age = numeric(0), gender = character(0),
+   weight = numeric(0))
> # 键盘输入变量
> mydata <- edit(mydata)
> # 另外一种键盘输入的方法
> fix(mydata)
```

运行代码 2-23 中的 edit 函数后，弹出 R 语言的数据编辑器，如图 2-2 所示。

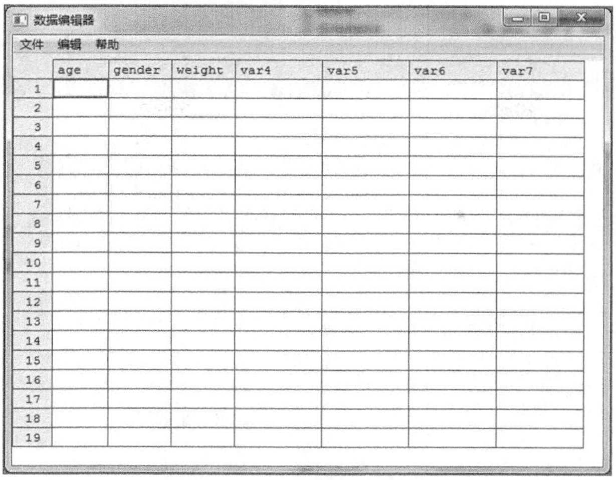

图 2-2　数据编辑器

需要注意的是，edit 函数实际上是在对象的副本上进行操作的，如果不将其赋值给一个目标，那么不会保留改动，fix 函数会保留改动。

从键盘手动输入数据只适合小数据集，然而大部分时候需要处理的都是较大的数据集，这时候就需要使用别的方式从文本文件、Excel 电子表格、其他统计软件或者数据库中读取。

2.3.2　读写带分隔符的文件

R 语言提供丰富的函数来读取不同格式的数据，包括文本文件（TXT 文件）、逗号分隔文件（CSV 文件）。

1．TXT 文件

使用 read.table 函数可从带分隔符的文本文件中导入数据。此函数可读入一个表格格式的文件并将其保存为一个数据框，其格式如下。

```
read.table(file, header = FALSE, sep = "", quote = "\"", dec = ".",fill=TRUE,
row.names,col.names, encoding="unkown",...)
```

read.table 函数的常用参数描述如表 2-12 所示。

表 2-12　read.table 函数的常用参数描述

参　　数	描　　述
file	文件名（包含在""内，或使用一个字符型变量），可能需要全路径（即使是在 Windows 下，符号 \ 也不允许包含在内，必须用 / 或者 \\ 替换）或者一个 URL（Uniform Resource Location，统一资源定位符）链接（用 URL 对文件远程访问）
header	一个逻辑值，用来反映这个文件的第 1 行是否包含变量名，为 TRUE 时表示文件的第 1 行为变量名
sep	文件中的字段分隔符，例如，对用制表符分隔的文件使用 sep="\t"
quote	指定用于包围字符型数据的字符

续表

参 数	描 述
dec	用来标识小数点的字符
fill	如果为 TRUE 且所有行中的变量数目并不相同，则用空白填补
row.names	保存着行名的向量，或文件中一个变量的序号或名字，默认时行号取为 1、2、3⋯
col.names	指定列名的字符型向量，默认值为 V1、V2、V3⋯
encoding	若文件中包含非 ASCII 字符字段，使用此参数进行设置，可确保以正确的编码方式读取，避免出现乱码

read.table 函数还拥有许多微调数据导入方式的追加选项。更多详情，请参阅帮助。

2. CSV 文件

使用 read.csv 函数可从带逗号分隔符的文本文件中导入数据。此函数可读入一个逗号分隔文件并将其保存为一个数据框，其格式如下。

```
read.csv(file, header = TRUE, sep = ",", quote = "\"",dec = ".", fill = TRUE,
comment.char = "", encoding="unkown",...)
```

read.csv 函数的参数描述如表 2-13 所示。

表 2-13　read.csv 函数的参数描述

参 数	描 述
file	文件名（包在""内，或使用一个字符型变量），可能需要全路径（即使是在 Windows 下，符号 \ 也不允许包含在内，必须用 / 或者 \\ 替换）或者一个 URL 链接（用 URL 对文件远程访问）
header	一个逻辑值，用来反映这个文件的第 1 行是否包含变量名，其为 TRUE 时表示文件的第 1 行为变量名
sep	文件中的字段分隔符，CSV 文件默认为 sep=","
quote	指定用于包围字符型数据的字符
dec	用来标识小数点的字符
fill	如果为 TRUE 且所有行中的变量数目并不相同，则用空白填补
comment.char	包含单个字符或空字符串的长度为 1 的字符向量，以这个字符开头的行将被忽略（要禁用这个参数，可使用 comment.char=""）
encoding	若文件中包含非 ASCII 字符字段，则使用此参数进行设置，可确保以正确的编码方式读取，避免出现乱码

2.3.3　读写 Excel 文件

读取一个 Excel 文件的最好方式，就是在 Excel 中将其导出为一个逗号分隔文件（CSV），并使用 read.csv 函数将其导入 R 语言中。Excel 格式虽分为 XLS 和 XLSX 两种，但其实读取方法是一样的。要读取 Excel 文件，需要安装 xlsx 包。xlsx 包的 read.xlsx 函数不仅可以导入数据表，而且还能够创建和操作 XLS 格式的 Excel 文件。需要注意的是，xlsx 包依赖 rJava 包，需要在本地安装并配置好 Java。read.xlsx 函数的格式如下。

```
read.xlsx(file, n)
```

其中，file 是 Excel 2007 工作簿的所在路径，n 则为要导入的工作表序号。

在 Windows 系统中也可以使用 RODBC 包来访问 Excel 文件。

读取 XLS 格式的文件的示例如代码 2-24 所示。

代码 2-24　读取 XLS 格式的文件

```
> # 使用 xlsx 包读取 XLS 格式的文件
> install.packages("xlsx")         # 安装 xlsx 包
> library(xlsx)                     # 加载 xlsx 包
> file <- "./data/missing_data.xls"
> excel<-read.xlsx(file,1)          # 使用 read.xlsx 函数读取 Excel 表格
> View(excel)                       # 查看是否读取成功
> # 使用 RODBC 读取 XLS 格式的文件
> # 安装 RODBC 包
> install.packages("RODBC")
> # 加载 RODBC 包
> library(RODBC)
> # 建立 RODBC 连接对象至 Excel 文件，并将连接赋予一个对象，myfile.xls 为文件路径
> channel<-odbcConnectExcel("./data/missing_data.xls ")
> # 读取工作簿中的工作表至一个数据框，mysheet 为要读取的工作表名
> mydataframe <- sqlFetch(channel, "mysheet")
> odbcClose(channel)                         # 关闭 RODBC 连接
```

要注意的是，odbcConnectExcel 函数只能在 32 位的 R 语言中运行。

2.3.4　导入其他统计软件文件

使用 R 语言中的 foreign 包可以方便地读取其他统计软件的数据文件，如 SAS、SPSS、STATA 等。

表 2-14 列出了读取其他格式的文件的函数用法。

表 2-14　读取其他格式文件的函数

统计软件	读取数据的函数格式
SPSS	read.spss(file,to.data.frame=TRUE)
SAS	read.ssd(libname,sectionnames,tmpXport=tempfile(),tmpProgLoc=tempfile(),sascmd="sas")
Minitab	read.mtp(file)
STATA	read.dta(file,convert.dates=TRUE,convert.factors=TRUE,missing.type=FALSE,convert.underscore=FALSE,warrn.missing,lables=TRUE)
SYSTAT	read.systat(file,to.data.frame=TRUE)

2.3.5　导入数据库数据

R 语言中有多种面向关系型数据库管理系统（Database Management System，DBMS）的接口，包括 Microsoft SQL Server、Microsoft Access、MySQL、Oracle、Postgre SQL、DB2、Sybase、Teradata 及 SQLite。其中，一些包通过原生的数据库驱动来提供访问功能，另一些则是通过 ODBC（Open DataBase Connectivity，开放数据库连接）或 JDBC（Java DataBase Connectivity，Java 数据库连接）来实现访问。

在 R 语言中，通过 RODBC 包访问一个数据库也许是目前最流行的方式。这种方式允许 R 连接到任意一种拥有 ODBC 驱动的数据库。

对选择的数据库安装并配置合适的 ODBC 驱动后，安装 RODBC 包。

安装并调用 RODBC 包的示例如代码 2-25 所示。

代码 2-25　安装 RODBC 包

```
> # 安装 RODBC 包
> install.packages("RODBC")
> library(RODBC)
```

RODBC 包的常用函数如表 2-15 所示。

表 2-15　RODBC 包的常用函数

常用命令	描　　述	示　　例
odbcConnect(dsn,uid="",pwd="")	建立并打开连接	mycon=odbcConnect("mydsn",uid="user",pwd="rply")
sqlFetch(channel,sqtable)	从数据库读取数据表，并返回一个数据框对象	sqlFetch(mycon,"USArrests",rownames="state")
sqlQuery(channel,query)	向数据库提交一个查询，并返回结果	sqlQuery(mycon, "select * from USArrests")
sqlDrop(channel,sqtable)	从数据库删除一个表	sqlDrop(channel,"USArrests")
close(channel)	关闭连接	close(mycon)

R 通过 RODBC 包访问一个数据库的示例如代码 2-26 所示。

代码 2-26　通过 RODBC 包访问数据库的示例程序

```
> # 通过 RODBC 包访问数据库的示例程序
> # 查看内存使用及清理 R 工作空间时的内存变量
> gc();rm(list=ls())
> install.packages("RODBC")        # 安装 RODBC 包
> library(RODBC)                   # 载入 RODBC 包
> # 通过一个数据源名称（mydsn）、用户名（user）及密码（rply，如果没有设置，可以直接忽略）
> # 打开了一个 ODBC 数据库连接
> mycon<-odbcConnect("mydsn",uid="user",pwd="rply")
```

```
> # 将 R 自带的 USArrests 表写进数据库里
> data(USArrests)
> # 将数据流保存，这时打开 SQL Server 就可以看到新建的 USArrests 表
> sqlSave(mycon, USArrests,rownames="state",append=TRUE)
> # 清除 USArrests 变量
> rm(USArrests)
> # 输出 USArrests 表中的内容
> sqlFetch(mycon, "USArrests", rownames="state")
> # 对 USArrests 表执行了 SQL 语句 select，并将结果输出
> sqlQuery(mycon, "select * from USArrests")
> # 删除 USArrests 表
> sqlDrop(channel, "USArrests")
> # 关闭连接
> close(mycon)
```

2.3.6　导入网页数据

此外，R 语言还可以进行 Web 数据抓取，从互联网上提取嵌入在网页中的信息，并将其保存为 R 语言中的数据结构以做进一步的分析。完成这个任务的一种途径是使用函数 readLines 下载网页，然后使用如 grep 和 gsub 一类的函数处理。对于结构复杂的网页，可以使用 RCurl 包和 XML 包来提取其中想要的信息。此外，scan 函数也有用来读取非结构化文档的参数。若抓取网页上的表格，则可使用 XML 包的 readHTMLTable 函数，如代码 2-27 所示。

代码 2-27　使用 XML 包抓取网络表格数据

```
> # 使用 XML 包抓取网络表格数据
> # readHTMLTable 函数
> library(XML)
> strurl <- 'http://sports.163.com/zc/'
> tables <- readHTMLTable(strurl, header = FALSE, stringsAsFactors = FALSE)
> # 解决中文乱码问题的方法：将数据导出到本地的 TXT 文件，再重新导入即可
> table_sub <- tables[[1]]
> write.table(table_sub, "table_sub.txt", row.names = F)
> read.table("table_sub.txt", encoding = 'UTF-8', header = T)
```

2.4　小结

本章介绍了数据对象与数据读写，主要包括以下几点内容。

（1）R 语言中常用的数据类型包括数值型、逻辑型、字符型、整数型、复数型等。R 语言可进行数据类型的判别与转换操作，比如本章示例中将复数型对象转换为字符型对象。

（2）R 语言中常用的数据结构包括向量、矩阵、列表、数组、数据框。本章介绍了这些数据结构的创建、索引等。

（3）R 语言中可以读入多种不同的数据源，如读写 CSV 文件、Excel 文件、数据库文件、网页数据。

课后习题

1．选择题

（1）下列可以判别字符型数据的函数是（　　　）。

    A．is.numeric   B．is.logical   C．is.character   D．is.na

（2）下列可以判别数值型数据的函数是（　　　）。

    A．is.complex   B．is.na   C．is.integer   D．is.numeric

（3）可将对象转换为逻辑型数据的函数是（　　　）。

    A．as.character   B．is.numeric   C．as.logica   D．as.complex

（4）下列选项不是逻辑型数据的是（　　　）。

    A．T   B．F   C．NA   D．10

（5）下列可以求矩阵的特征值和特征向量的函数是（　　　）。

    A．diag   B．eigen   C．solve   D．det

（6）下列选项中可以使得列表转换为向量的是（　　　）。

    A．as.matrix   B．as.data.frame   C．as.list   D．unlist

（7）下列用来转换数据框的函数是（　　　）。

    A．as.list   B．as.matrix   C．as.data.frame   D．as.vector

（8）下列用键盘导入数据的函数是（　　　）。

    A．read.table   B．read.csv   C．edit   D．readHTMLTable

（9）RODBC 包中向数据库提交一个查询，并返回结果的函数是（　　　）。

    A．odbcConnect   B．sqlFetch   C．sqlQuery   D．sqlDrop

（10）抓取网页上的表格，可使用 XML 包的是（　　　）函数。

    A．read.csv   B．read.table   C．read.xlsx   D．read HTMLTable

2．操作题

（1）创建一个对象，并进行数据类型的转换、判别等操作，步骤如下。

①创建一个对象 x，内含元素为序列：1，3，5，6，8。

②判断对象 x 是否是数值型数据。

③将对象转换为逻辑型数据，记为 x1。

④判断 x1 是否为逻辑型数据。

（2）创建多种数据结构，并进行数据结构的转换、索引、扩展等编辑操作，步骤如下。

①设置工作空间目录。

②创建一个向量 x，内含元素为序列：11，23，25，46，38，30，59，47，21，67。

③查询向量 x 中序号为 23 和 46 的元素，查询向量 x 中大于 35 且小于等于 50 的元素的位置。

④创建一个重复因子序列 Species：水平数为 3，各水平重复两次，序列长度为 5；3

个水平为 setosa、versicolor、virginica。

⑤创建一个 5 行 2 列的矩阵，元素为向量 x，按列填充。

⑥将矩阵写入数据框 data_iris，更改列名为 Sepal.Length、Sepal.Width。

⑦将数据框 data_iris 保存为 TXT 文件，保存到工作空间的 test 目录下。

⑧将数据框 data_iris 转换为向量 y。

⑨判断是否转换成功。

（3）读取 TXT 文件，进行编辑操作，再写入另外一个 CSV 文件中，步骤如下。

①读取保存在 test 目录下的 TXT 文件 data_iris。

②将 R 的示例数据集 iris 中的第 6～10 行写入数据框 data_iris1 中。

③将数据框 data_iris 与 data_iris1 合并为数据框 data_iris2，并保存在 CSV 文件所在的目录下。

第 ③ 章 数据集基本处理

现实生活中有很多包含"脏"数据的数据。"脏"数据就是常说的包含了异常值和缺失值等内容的数据。现实中，如何去除"脏"数据以得到需要的数据是一个值得思考的问题。通过处理"脏"数据，实现提升数据的整体质量，发展数字产业，增强科技实力。

本章将介绍数据集的基本处理方法，其中包括新增数据属性列、清洗数据、数据整合、字符数据的处理等内容。

学习目标

（1）掌握新增数据属性列的方法。
（2）掌握清洗数据（包括处理缺失值、处理日期变量等）的方法。
（3）掌握选取变量、删除变量等的方法。
（4）掌握整合数据的方法。
（5）掌握字符数据处理的方法。

3.1 新增数据属性列

3.1.1 访问数据框变量

数据框的索引和矩阵类似，由于都是二维数据，所以数据框的索引也有两个维度的下标。同时，可以在数据框的列名称前使用$符号来索引数据框的列数据。此外，还可以用subset函数按条件索引。sqldf包中的sqldf函数可以使用SQL语句索引。常用的几种访问数据框变量的示例如代码3-1所示。

代码3-1　访问数据框变量

```
> # 示例数据
> data.iris <- data.frame(Sepal.Length = c(5.1, 4.9, 4.7, 4.6),
+            Sepal.Width = c(3.5, 3.0, 3.2, 3.1),
+            Petal.Length = c(1.4, 1.4, 1.3, 1.5), Petal.Width = rep(0.2, 4))
> # 列索引
> data.iris[, 1]  # 索引第 1 列
[1] 5.1 4.9 4.7 4.6
> data.iris$Sepal.Length          # 按列的名称索引
[1] 5.1 4.9 4.7 4.6
```

```
> data.iris["Sepal.Length"]        # 按列的名称索引
  Sepal.Length
1          5.1
2          4.9
3          4.7
4          4.6
> # 行索引
> data.iris[1, ]  # 索引第1行
  Sepal.Length Sepal.Width Petal.Length Pe.tal.Width
1          5.1         3.5          1.4          0.2
> data.iris[1:3, ]  # 索引第1~3行
  Sepal.Length Sepal.Width Petal.Length Pe.tal.Width
1          5.1         3.5          1.4          0.2
2          4.9         3.0          1.4          0.2
3          4.7         3.2          1.3          0.2
> #元素索引
> data.iris[1, 1]   # 索引第1列第1个元素
[1] 5.1
> data.iris$Sepal.Length[1]  # 索引Sepal.Length列的第1个元素
[1] 5.1
> data.iris["Sepal.Length"][1]  # 索引Sepal.Length列的第1个元素
  Sepal.Length
1          5.1
2          4.9
3          4.7
4          4.6
> # subset 函数索引
> subset(data.iris, Sepal.Length < 5)  # 按条件索引行
  Sepal.Length Sepal.Width Petal.Length Pe.tal.Width
2          4.9         3.0          1.4          0.2
3          4.7         3.2          1.3          0.2
4          4.6         3.1          1.5          0.2
> # sqldf 函数索引
> library(sqldf)
> newdf <- sqldf("select * from mtcars where carb = 1 order by mpg", row.names
= TRUE)
```

3.1.2　创建新变量

在典型的研究项目中，需要创建新变量或者对现有的变量进行变换。这时可以通过以下形式的语句来完成。

变量名 <- 表达式

R 语言编程基础

以上语句中的"表达式"部分可以包含多种运算符和函数。算术运算符可用于构造公式（formula），表 3-1 列出了 R 中的算术运算符。

表 3-1　算术运算符

运 算 符	描　述
＋	加
－	减
*	乘
/	除
^	求幂
x%%y	求余
x%/%y	整除

创建新变量，即将新变量整合到原始的数据框中。这可以通过两种不同的方式来实现，如代码 3-2 所示。

代码 3-2　创建新变量

```
> # 创建数据框
> mydata <- data.frame(x1 = c(2, 2, 6, 4), x2 = c(3, 4, 2, 8))

> # 创建新变量
> mydata$sumx <- mydata$x1 + mydata$x2
> mydata$meanx <- (mydata$x1 + mydata$x2) / 2

> # 创建新变量
> mydata <- transform(mydata, sumx = x1 + x2, meanx = (x1 + x2) / 2)
```

其中，transform 函数简化了按需创建新变量并将其保存到数据框中的过程。

3.1.3　重命名变量

在数据集创建之后，如果发现此前的变量名称输入有误，或者对原来的变量名称不满意，则可以修改变量的名称。R 语言中修改变量名的方式有很多种，这里介绍几种常用的修改变量名的方法，分别是利用交互式编辑器、rename 函数、names 函数、rownames 函数与 colnames 函数。

1. 利用交互式编辑器修改变量名

利用交互式编辑器修改变量名是通过 fix 函数来实现的。若要修改数据集 x 中的变量名，则输入 fix(x) 命令即可打开交互式编辑器的界面。若数据集为矩阵或数据框，单击交互式编辑器界面中要修改的变量名便可手动输入新的变量名；若数据集为列表形式，则交互式编辑器为一个记事本，这时只要修改 ".Names"之后对应的变量名即可。

用交互式编辑器修改变量名的示例如代码 3-3 所示。

代码 3-3　利用交互式编辑器修改变量名

```
> # 利用交互式编辑器修改变量名
> score <- data.frame(student = c("A", "B", "C", "D"),
+            gender = c("M", "M", "F", "F"),
+            math = c(90, 70, 80, 60),
+            Eng = c(88, 78, 69, 98),
+            p1 = c(66, 59, NA, 88))
> fix(score)  # 打开交互式编辑器，数据框的交互式编辑器为一个 Data Editor
> score.list = as.list(score)  # 将 score 转换为列表
> fix(score.list)  # 打开交互式编辑器，列表的交互式编辑器为一个记事本
```

对于数据框 score，输入 fix(score)命令后，显示的交互式编辑器如图 3-1 所示。而对于列表 score.list，输入 fix(score.list)命令后，呈现的界面则如图 3-2 所示。

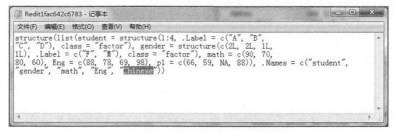

图 3-1　使用 fix 函数修改数据框变量名

图 3-2　使用 fix 函数修改列表变量名

2. 使用 rename 函数修改变量名

reshape 包中的 rename 函数可用于修改数据框和列表的变量名，但不能用于修改矩阵的变量名，格式如下。

```
dataframe = rename(dataframe, c(oldname = "newname" ,...))
```

rename 函数的参数描述如表 3-2 所示。

表 3-2　rename 函数的参数描述

参　　数	描　　述
dataframe	数据框或列表
oldname	原变量名
newname	新变量名

R 语言编程基础

使用 rename 函数修改变量名的示例如代码 3-4 所示。

代码 3-4   使用 rename 函数修改变量名

```
> # 使用 rename 函数修改变量名
> library(reshape)  # 加载 reshape 包
> rename(score, c(p1 = "Chinese"))  # 将 score 中的 p1 重命名为 Chinese
  student gender math Eng Chinese
1       A      M   90  88      66
2       B      M   70  78      59
3       C      F   80  69      NA
4       D      F   60  98      88
> # 将 score.list 中的 p1 重命名为 Chinese
> rename(score.list, c(p1 = "Chinese"))
[1] A B C D
Levels: A B C D

$gender
[1] M M F F
Levels: F M

$math
[1] 90 70 80 60

$Eng
[1] 88 78 69 98

$Chinese
[1] 66 59 NA 88
```

3. 使用 names 函数修改变量名

names 函数可用于修改变量名，格式如下。

```
names(x) <- value
```

names 函数和 rename 函数一样，可修改数据框和列表的变量名，而不能用于修改矩阵的变量名。不同点在于：names 函数会在原数据集中修改变量名，但 rename 函数并不会直接改变原数据集中的变量名。

使用 names 函数修改变量名的示例如代码 3-5 所示。

代码 3-5   使用 names 函数修改变量名

```
> # 使用 names 函数修改变量名
> names(score)[5] = "Chinese"  # 将 score 的第 5 列列名改为 Chinese
```

```
> score
    student gender  math    Eng Chinese
1   A   M   90  88  66
2   B   M   70  78  5
3   C   F   80  69  NA
4   D   F   60  98  88
```

4. 使用 rownames 函数与 colnames 函数修改变量名

rename 函数和 names 函数都不能用于修改矩阵的变量名。R 语言中用于修改矩阵行名和列名的函数分别是 rownames 函数和 colnames 函数。另外，这两个函数也能够修改数据框的行名和列名。注意：rownames 函数和 colnames 函数不能用于修改列表的变量名。rownames 函数和 colnames 函数的格式如下。

```
rownames(x) <- value
colnames(x) <- value
```

其中，x 为数据集，value 为新的变量名。

使用 colnames 函数和 rownames 函数修改变量名的示例如代码 3-6 所示。

代码 3-6　使用 colnames 函数和 rownames 函数修改变量名

```
> # 使用 colnames 函数和 rownames 函数修改变量名
> colnames(score)[5] = "Chinese"  # 将 score 的第 5 列列名改为 Chinese
> rownames(score) = letters[1:4]  # 将 score 的行名改为 a、b、c、d
> score
    student gender  math    Eng Chinese
a   A   M   90  88  66
b   B   M   70  78  59
c   C   F   80  69  NA
d   D   F   60  98  88
```

3.2　清洗数据

清洗数据是指对数据进行重新审查和校验的过程，目的在于删除重复信息，纠正存在的错误，并提供数据一致性。

3.2.1　处理缺失值

在数据分析过程中，数据对象经常是不够完整的，也就是说，存在一定的缺失值。当数据集存在缺失值时，建模过程中就容易出现报错的情况，因此，缺失值分析是数据分析过程中重要的一步。缺失值分析过程通常包括缺失值检测和缺失值处理。在 R 语言中，常用的缺失值分析函数如表 3-3 所示。

表 3-3 所示的函数用法示例如代码 3-7 所示。

R 语言编程基础

表 3-3　常用的缺失值分析函数

函数的格式	描　述
is.na(x)	返回一个与 x 等长的逻辑向量,并且由相应位置的元素是否是 NA 来决定这个逻辑向量相应位置的元素是 TRUE 还是 FALSE。TRUE 表示该位置的元素是缺失值
anyNA(x, recursive = FALSE)	判断数据中是否存在缺失值,返回 TRUE 或 FALSE 值;若存在缺失值则返回 TRUE,否则返回 FALSE
na.omit(x)	删除含有缺失值的观测值
complete.cases(x)	返回一个逻辑向量,不存在缺失值的行的值为 TRUE,存在缺失值的行的值为 FALSE

代码 3-7　缺失值分析

```
> # 缺失值分析
> is.na(score)  # 缺失值检测,TRUE 表明该位置的值为缺失值
  student gender math  Eng Chinese
a   FALSE  FALSE FALSE FALSE   FALSE
b   FALSE  FALSE FALSE FALSE   FALSE
c   FALSE  FALSE FALSE FALSE    TRUE
d   FALSE  FALSE FALSE FALSE   FALSE
> anyNA(score)  # 检测 score 是否存在缺失值
[1] TRUE
> na.omit(score)  # 删除 score 中存在缺失值的行
  student gender math Eng Chinese
a       A      M   90  88      66
b       B      M   70  78      59
d       D      F   60  98      88
> complete.cases(score)  # 检测哪一行存在缺失值,FALSE 表明该值所对应的行存在缺失值
[1]  TRUE  TRUE FALSE  TRUE
> score[complete.cases(score), ]  # 删除 score 中存在缺失值的行
  student gender math Eng Chinese
a       A      M   90  88      66
b       B      M   70  78      59
d       D      F   60  98      88
```

3.2.2　处理日期变量

日期值通常以字符串的形式传入 R 语言中,然后转换为以数值形式存储的日期变量。在 R 语言中,字符型的日期值无法进行日期变量的计算,因此,可通过日期值处理函数将字符型的日期值转换成日期变量。常用的关于日期变量的操作函数如表 3-4 所示。

表 3-4　日期变量常用函数

函　　数	功　　能
Sys.Date	返回系统当前的日期
Sys.time	返回系统当前的日期和时间
date	返回系统当前的日期和时间（返回的值为字符串）
as.Date	将字符串形式的日期值转换为日期变量
as.POSIXlt	将字符串转换为包含时间及时区的日期变量
strptime	将字符型变量转换为包含时间的日期变量
strftime	将日期变量转换成指定格式的字符型变量
format	将日期变量转换成指定格式的字符串

1. as.Date 函数

as.Date 函数可以将字符串形式的日期值转换为日期变量，格式如下。

```
as.Date(x, format = "", ...)
```

as.Date 函数的参数描述如表 3-5 所示。

表 3-5　as.Date 函数的参数描述

参　　数	描　　述
x	代表要转换的对象，为字符型数据
format	读入日期的适当格式

读入日期的适当格式如表 3-6 所示。

表 3-6　读入日期的格式

符　　号	含　　义	示　　例
%d	数字表示的日期（01 ~ 31）	01 ~ 31
%a	缩写的星期名	Mon
%A	非缩写的星期名	Monday
%w	数字表示的星期天数	0 ~ 6，周日为 0
%m	数字表示的月份（01 ~ 12）	01 ~ 12
%b	缩写的月份	Jan
%B	非缩写的月份	January
%y	两位数的年份	16
%Y	四位数的年份	2016

续表

符　号	含　义	示　例
%H	24 小时制的小时	00 ~ 23
%I	12 小时制的小时	01 ~ 12
%p	AM/PM 指示	AM/PM
%M	十进制的分钟	00 ~ 59
%S	十进制的秒	00 ~ 59

注意：as.Date 函数只能转换包含年、月、日、星期的字符串，无法转换具体到某时刻的字符串。该函数的示例如代码 3-8 所示。

代码 3-8　将字符型日期值转换为日期变量

```
> # 日期变量的转换
> # 创建字符串的日期值
> dates <- c("01/27/2016", "02/27/2016", "01/14/2016", "02/28/2016",
"02/01/2016")
> # 将"月-日-年"格式的字符串转换成日期变量
> (date <- as.Date(dates, "%m/%d/%Y"))
[1] "2016-01-27" "2016-02-27" "2016-01-14" "2016-02-28" "2016-02-01"
```

2. as.POSIXlt 函数

as.POSIXlt 函数可以将字符串形式的日期时间值转换为指定格式的时间变量，格式如下。

```
as.POSIXlt(x, tz = "", format)
```

as.POSIXlt 函数的参数描述如表 3-7 所示。

表 3-7　as.POSIXlt 函数的参数描述

参　数	描　述
x	想要转换的字符串型日期时间值
tz	指定转换后的时区
format	指定要转换的日期值的格式

as.POSIXlt 的函数示例如代码 3-9 所示。

代码 3-9　将字符型日期时间值转换为时间变量

```
> # 时间变量的转换
> # 创建一个字符型日期时间变量
> x <- c("2016-02-08 10:07:52", "2016-08-07 19:33:02")
> # 判定是否为字符型变量
> is.character(x)
```

```
[1] TRUE
> # 对字符串形式的日期时间值按照格式进行转换
> as.POSIXlt(x, tz = "", "%Y-%m-%d %H:%M:%S")
[1] "2016-02-08 10:07:52 CST" "2016-08-07 19:33:02 CST"
```

　　注意：指定的 format 格式中的年、月、日与时、分、秒之间要用空格隔开，CST 为当前时区（即中国标准时间）。

3. strptime 函数

　　strptime 函数可以将字符型的日期时间值转换为时间变量，格式如下。

```
strptime(x, format, tz = "")
```

　　strptime 函数的参数描述如表 3-8 所示。

表 3-8　strptime 函数的参数描述

参　　数	描　　述
x	字符型数据
format	指定要转换的日期值的格式
tz	指定时区

　　可以看出，strptime 函数的格式与 as.POSIXlt 函数的格式略有不同，相关示例如代码 3-10 所示。

代码 3-10　将字符型日期时间值转换为时间变量

```
> # 时间变量的转换
> # 使用代码 3-9 的数据
> x
[1] "2016-02-08 10:07:52" "2016-08-07 19:33:02"
> # 按"年-月-日 时:分:秒"的格式转换为时间变量
> (x <- strptime(x, "%Y-%m-%d %H:%M:%S"))
[1] "2016-02-08 10:07:52 CST" "2016-08-07 19:33:02 CST"
```

4. strftime 函数

　　strftime 函数的作用与 strptime 函数相对应，用于将时间变量按指定的格式转换为字符型日期值，格式如下。

```
strftime(x, format = "")
```

　　其中，x 是时间变量，format 为需要转换成的字符型日期值的输出格式，相关示例如代码 3-11 所示。

代码 3-11　将时间变量转换为指定格式的字符型日期值

```
> # 转换日期时间变量为字符串日期值
> # 使用代码 3-10 的结果
> x
```

```
[1] "2016-02-08 10:07:52 CST" "2016-08-07 19:33:02 CST"
> # 输出的格式转换成 format 指定的格式
> strftime(x, format = "%Y/%m/%d")
[1] "2016/02/08" "2016/08/07"
```

5. format 函数

format 函数可以将对象按指定格式转换成字符串，格式如下。

```
format(x,...)
```

其中，x 为要转换为字符串的对象，...指定要转换成的字符串的格式。

注意：format 函数不仅限于将日期变量按格式转换为字符串，也可以将其他类型的变量转换为字符串。相关示例如代码 3-12 所示。

代码 3-12　将时间变量转换为字符串日期值

```
> # 使用 format 函数转换为字符串日期值
> # 使用代码 3-10 的数据
> x
[1] "2016-02-08 10:07:52 CST" "2016-08-07 19:33:02 CST"
> # 输出的格式转换成 format 定义的格式
> format(x,"%d/%m/%Y")
[1] "08/02/2016" "07/08/2016"
```

3.2.3　数据排序

数据排序作为一种重要的数据处理方法，在数据预处理和数据建模中都显得尤其重要。在 R 语言中，数据排序可以通过多种方式实现。常用的数据排序函数有 sort 函数、rank 函数和 order 函数。需要注意的是，这 3 种函数的用法和返回结果是不一样的。

1. sort 函数

sort 函数可以对向量进行排序，返回的结果是经过排序后的向量，格式如下。

```
sort(x, na.last = NA, decreasing = FALSE)
```

sort 函数的参数描述如表 3-9 所示。

表 3-9　sort 函数的参数描述

参　　数	描　　述
x	表示需要排序的数据集
na.last	设定对数据集中缺失值的处理：na.last=NA（默认）表示在排序结果中将缺失值删除；na.last=TRUE 表示将数据缺失值放在最后；na.last=FALSE 表示将数据缺失值放在前面
decreasing	decreasing = FALSE 表示按从小到大的顺序进行排列；decreasing =TRUE 表示按从大到小的顺序排列

sort 函数的示例如代码 3-13 所示。

代码 3-13 使用 sort 函数排序

```
> # 使用 sort 函数排序
> sort(score$math)  # 对 score 的 math 列中的数据从小到大排列
[1] 60 70 80 90
> sort(score$math, decreasing=TRUE)  # 对 score 的 math 列中的数据从大到小排列
[1] 90 80 70 60
> sort(score$Chinese, na.last=TRUE)  # 对 score 的 Chinese 列中的数据从小到大排列,
> # 并且把缺失值放在最后
[1] 59 66 88 NA
```

2. rank 函数

rank 函数可以返回向量中每个数值对应的秩次,格式如下。

```
rank(x, na.last = TRUE,ties.method = c("average", "first", "random", "max",
"min"))
```

rank 函数的参数描述如表 3-10 所示。

表 3-10 rank 函数的参数描述

参　　数	描　　述
x	表示需要排序的数据集
na.last	设定对数据集中缺失值的处理:na.last=NA(默认)表示在排序结果中将缺失值删除;na.last=TRUE 表示将数据缺失值放在最后;na.last=FALSE 表示将数据缺失值放在前面
ties.method	ties.method 用于对数据集中的重复数据的秩次的处理方式进行设定,相关参数的含义如下:average 表示对重复数据的秩次取平均值来作为这几个数据共同的秩次;first 表示重复数据中位于前面的数据的秩次较小,位于后边的依次递增;random 表示随机定义重复数据的秩次;max 表示以重复数据可能对应的最大秩次作为这几个数据共同的秩次;min 表示以重复数据可能对应的最小秩次作为这几个数据共同的秩次

rank 函数的排序示例如代码 3-14 所示。

代码 3-14 使用 rank 函数排序

```
> # 使用 rank 函数排序
> x <- c(3, 4, 2, 5, 5, 3, 8, 9)
> rank(x)  # 求出 x 的秩次
[1] 2.5 4.0 1.0 5.5 5.5 2.5 7.0 8.0
> rank(x, ties.method = "first")  # 求 x 的秩次,ties.method="first"
[1] 2 4 1 5 6 3 7 8
> rank(x, ties.method = "random")  # 求 x 的秩次,ties.method="random"
[1] 2 4 1 5 6 3 7 8
> rank(x, ties.method = "max")  # 求 x 的秩次,ties.method="max"
[1] 3 4 1 6 6 3 7 8
```

3. order 函数

order 函数可以对数据进行排序，返回值为最小值、次小值、次大值、最大值所在的位置，格式如下。

```
order(x, na.last = TRUE, decreasing = FALSE)
```

其中，参数 x 和 na.last 的含义同 sort 函数。与 sort、rank 两个排序函数不同的是，order 函数可以对数据框进行排序，其对数据集 data.frame 按变量 v1、v2 进行排序的实现形式如下。

```
data.frame[order(data.frame$v1, data.frame$v2, ]
```

如果 v1 一样，那么按 v2 的升序排列。如果要将升序改为降序，只需在变量前添加负号或 decreasing=TRUE 即可，如代码 3-15 所示。

代码 3-15　使用 order 函数排序

```
> # 使用 order 函数排序
> order(score$math)  # 对 score$math 升序排列，返回的值表示对应值在原向量中的位置
[1] 4 2 3 1
> score[order(score$math), ]
    student  gender  math  Eng  Chinese
d   D        M       60    98   88
b   B        M       70    78   59
c   C        F       80    69   NA
a   D        M       90    88   6
> score[order(-score$math), ]  # 输出排序结果
    student  gender  math  Eng  Chinese
a   A        M       90    88   66
b   C        F       80    69   NA
c   B        M       70    78   59
d   D        F       60    98   88
```

3.2.4　合并数据集

如果数据分散在多个地方，就需要在继续下一步之前将其合并。本小节将介绍向数据框中添加列和行的方法。数据框的编辑可以通过 rbind 和 cbind 函数实现。需要注意的是，使用 rbind 和 cbind 函数对于数据框而言，分别为增加新的样本数据和新属性变量。因此，rbind 函数的自变量的宽度（列数）应该与原数据框的宽度相等，而 cbind 函数的自变量的高度（行数）应该与原数据框的高度相等，否则，程序将会报错。合并数据集的示例如代码 3-16 所示。

代码 3-16　合并数据集

```
> # 合并数据集
> # 创建示例数据框
> data.iris <- data.frame(Sepal.Length = c(5.1, 4.9, 4.7, 4.6),
+           Sepal.Width = c(3.5, 3.0, 3.2, 3.1),
+           Petal.Length = c(1.4, 1.4, 1.3, 1.5), Pe.tal.Width = rep(0.2, 4))
```

```
> data.iris
  Sepal.Length  Sepal.Width  Petal.Length  Pe.tal.Width
1      5.1          3.5          1.4          0.2
2      4.9          3.0          1.4          0.2
3      4.7          3.2          1.3          0.2
4      4.6          3.1          1.5          0.2
> # 增加新的样本数据
> (data.iris <- rbind(data.iris, list(5.0, 3.6, 1.4, 0.2)))
  Sepal.Length  Sepal.Width  Petal.Length  Pe.tal.Width
1      5.1          3.5          1.4          0.2
2      4.9          3.0          1.4          0.2
3      4.7          3.2          1.3          0.2
4      4.6          3.1          1.5          0.2
5      5.0          3.6          1.4          0.2
> # 增加数据集的新属性变量
> (data.iris <- cbind(data.iris, Species = rep("setosa", 5)))
  Sepal.Length  Sepal.Width  Petal.Length  Pe.tal.Width  Species
1      5.1          3.5          1.4          0.2 setosa
2      4.9          3.0          1.4          0.2 setosa
3      4.7          3.2          1.3          0.2 setosa
4      4.6          3.1          1.5          0.2 setosa
5      5.0          3.6          1.4          0.2 setosa
```

3.3　选取变量及数据

　　R 拥有强大的索引功能，可以用于访问对象中的元素，也可利用这些特性对变量或观测值进行选入和排除操作。

3.3.1　选取变量

　　在分析数据时，从一个大数据集中选择有限数量的变量来创建一个新的数据集是必不可少的工作内容。从向量和数据框中选取变量的示例如代码 3-17 所示。

代码 3-17　从向量和数据框中选取变量的示例

```
> # 选取向量中的变量
> # 选取数据框中的变量
> vector <- c(1, 2, 3, 4)
> vector[1]   # 选取第 1 个元素
[1] 1
> vector[c(1:3)]   # 选取前 3 个元素
[1] 1 2 3
> data.iris <- data.frame(Sepal.Length = c(5.1, 4.9, 4.7, 4.6),
+               Sepal.Width = c(3.5, 3.0, 3.2, 3.1),
```

```
+                Petal.Length = c(1.4, 1.4, 1.3, 1.5),
+                Pe.tal.Width = rep(0.2, 4))

> data.iris
  Sepal.Length Sepal.Width Petal.Length Pe.tal.Width
1          5.1         3.5          1.4          0.2
2          4.9         3.0          1.4          0.2
3          4.7         3.2          1.3          0.2
4          4.6         3.1          1.5          0.2
> newdata <- data.iris[, c(3:4)]
> newdata
  Petal.Length Pe.tal.Width
1          1.4          0.2
2          1.4          0.2
3          1.3          0.2
4          1.5          0.2
```

3.3.2　删除变量

　　删除变量的原因有很多，例如，当某个变量中有很多缺失值时，可能需要在进一步分析之前将其删除。删除变量是保留变量的逆向操作。具体选择哪一种方式进行变量筛选依赖于两种方式的编码难易程度。如果有许多变量需要丢弃，那么直接保留需要留下的变量可能更简单，反之亦然。从向量和数据框中删除变量的示例如代码 3-18 所示。

代码 3-18　从向量和数据框中删除变量的示例

```
> # 删除向量中的变量
> # 删除数据框中的变量
> vector <- c(1, 2, 3, 4)
> vector[-1]  # 删除第 1 个元素
[1] 2 3 4
> vector[-c(1:3)]  # 删除前 3 个元素
[1] 4
> data.iris <- data.frame(Sepal.Length = c(5.1, 4.9, 4.7, 4.6),
+                Sepal.Width = c(3.5, 3.0, 3.2, 3.1),
+                Petal.Length = c(1.4, 1.4, 1.3, 1.5),
+                Pe.tal.Width = rep(0.2, 4))
> data.iris
  Sepal.Length Sepal.Width Petal.Length Pe.tal.Width
1          5.1         3.5          1.4          0.2
2          4.9         3.0          1.4          0.2
3          4.7         3.2          1.3          0.2
4          4.6         3.1          1.5          0.2
```

```
> newdata <- data.iris[, -c(3:4)]
> newdata
  Sepal.Length Sepal.Width
1          5.1         3.5
2          4.9         3.0
3          4.7         3.2
4          4.6         3.1
```

3.3.3　使用 subset 函数选取数据

subset 函数是一种用来选取变量与观测变量的较为简便的方法，格式如下。

```
subset(x, subset, select, drop = FALSE, ...)
```

subset 函数的参数描述如表 3-11 所示。

表 3-11　subset 函数的参数描述

参　　数	描　　述
x	所要选择的数据框
subset	所要查看信息的方法，如某个范围等
select	所选取的要查看的某个区域

subset 函数选取数据的示例如代码 3-19 所示。

代码 3-19　使用 subset 函数选取数据

```
> # 使用 subset 函数选取数据
> df1 <- data.frame(name = c("aa", "bb", "cc"), age = c(20, 29, 30),
+              sex = c("f", "m", "f"))
> df1
  name age sex
1   aa  20   f
2   bb  29   m
3   cc  30   f
> selectresult1 <- subset(df1, name == "aa", select = c(age, sex))
> selectresult1
  age sex
1  20   f
> selectresult2 <- subset(df1, name == "aa" & sex == "f", select = c(age, sex))
> selectresult2
  age sex
1  20   f
```

3.3.4　随机抽样

在模拟实际情况时，常常会使用随机抽样函数来从整体中挑出部分样本数据。简单随

R 语言编程基础

机抽样是最基本的抽样方法，是指从总体 N 个单位中任意抽取 n 个单位作为样本，使每个可能的样本被抽中的概率相等的一种抽样方式。

随机抽样又分为放回随机抽样和不放回随机抽样两种。放回随机抽样是指，本次从整体中抽取出的数据样本，在下一次抽取时同样有机会被抽取。不放回随机抽样就是，一旦被抽取为样本，下次就不能再被抽取了。

简单随机抽样可通过 srswr 函数、srswor 函数和 sample 函数来实现。其中，srswr 函数和 srswor 函数在 sampling 包中，使用前需要先加载 sampling 包。

1. srswr 函数

srswr 函数可以进行放回随机抽样，格式如下。

```
srswr(n, N)
```

srswr 函数会在总体 N 中有放回地抽取 n 个样本，并返回一个长度为 N 的向量，每个分量的值表示抽取次数。有放回的简单随机抽样的示例如代码 3-20 所示。

代码 3-20　有放回的简单随机抽样

```
> # 有放回的简单随机抽样
> library(sampling)
> LETTERS
 [1] "A" "B" "C" "D" "E" "F" "G" "H" "I" "J" "K" "L" "M" "N" "O" "P" "Q" "R" "S"
"T" "U"
[22] "V" "W" "X" "Y" "Z"
> (s <- srswr(10, 26))   # 在 26 个字母中有放回地抽取 10 个样本
 [1] 1 0 1 0 1 1 0 0 0 0 0 0 0 0 1 2 1 0 0 1 0 0 0 0 0 1
> (obs <- ((1:26)[s != 0]) )  # 提取被抽到的样本单元的编号
[1]  1  3  5  6 15 16 17 20 26
> (n <- s[s != 0])  # 提取每个样本被抽到的次数
[1] 1 1 1 1 1 2 1 1 1
> (obs <- rep(obs, times = n))   # 被抽到的样本单元的编号按照抽到的次数重复
 [1]  1  3  5  6 15 16 16 17 20 26
> (sample <- LETTERS[obs])
 [1] "A" "C" "E" "F" "O" "P" "P" "Q" "T" "Z"
```

2. srswor 函数

srswor 函数可以进行不放回随机抽样，格式如下。

```
srswor(n, N)
```

srswor 函数表示在总体 N 中无放回地抽取 n 个样本，返回一个长度为 N 的向量，每个分量的值表示抽取次数，取值为 0 或 1。不放回的简单随机抽样的示例如代码 3-21 所示。

代码 3-21　不放回的简单随机抽样

```
> # 不放回的简单随机抽样
> library(sampling)
```

```
> # 输出结果如下
> LETTERS
 [1] "A" "B" "C" "D" "E" "F" "G" "H" "I" "J" "K" "L" "M" "N" "O" "P" "Q" "R" "S"
"T" "U"
[22] "V" "W" "X" "Y" "Z"
> (s <- srswor(10, 26))  # 在 26 个样本中无放回地抽取 10 个样本
 [1] 0 1 1 1 0 1 0 0 0 0 0 1 0 1 0 0 0 0 0 1 0 1 1 1 0 0
> (obs <- ((1:26)[s != 0]) )  # 提取被抽到的样本单元的编号
 [1]  2  3  4  6 12 14 20 22 23 24
> (sample <- LETTERS[obs])
 [1] "B" "C" "D" "F" "L" "N" "T" "V" "W" "X"
```

3. sample 函数

sample 函数可实现放回随机抽样和不放回随机抽样，同时也可对数据进行随机分组，格式如下。

```
sample(x, size, replace = FALSE, prob = NULL)
```

sample 函数的参数描述如表 3-12 所示。

表 3-12　sample 函数的参数描述

参　　数	描　　述
x	数据
size	抽取样本数
replace	replace = FALSE 为不放回随机抽样；replace=TRUE 为放回随机抽样
prob	权重向量

使用 sample 函数抽样的示例如代码 3-22 所示。

代码 3-22　使用 sample 函数抽样

```
> # 使用 sample 函数抽样
> LETTERS
 [1] "A" "B" "C" "D" "E" "F" "G" "H" "I" "J" "K" "L" "M" "N" "O" "P" "Q" "R" "S"
"T" "U"
[22] "V" "W" "X" "Y" "Z"
> sample(LETTERS, 5, replace = TRUE)    # 放回随机抽样
[1] "H" "L" "P" "S" "S"
> sample(LETTERS, 5, replace = FALSE)   # 不放回随机抽样
[1] "O" "C" "I" "F" "D"
> #生成随机分组结果，第 1 组和第 2 组的比例为 7:3
> n <- sample(2, 26, replace = TRUE, prob = c(0.7, 0.3))
> n
 [1] 1 2 1 1 1 1 1 1 1 2 1 1 1 1 1 2 2 1 1 2 1 1 1 1 2 2 1 1
```

```
> (sample1 <- LETTERS[n == 1]) #第1组
 [1] "A" "C" "D" "E" "F" "G" "H" "J" "K" "L" "M" "P" "Q" "S" "T" "U" "V" "Y" "Z"
> (sample2 <- LETTERS[n == 2]) #第2组
[1] "B" "I" "N" "O" "R" "W" "X"
```

3.4 整合数据

R 语言中提供了许多用来整合和重塑数据的强大方法：在整合数据时，往往将多组观测值替换为根据这些观测值计算的描述性统计量；在重塑数据时，则会通过修改数据的结构（行和列）来决定数据的组织方式。

3.4.1 使用 SQL 语句操作数据

R 语言中有很多优秀的函数，例如，aggregate 函数和 daply 函数可以对数据框进行统计。另外，SQL 的功能也强大，不仅能实现数据的清洗、统计、运算，还可以实现数据存储、控制、定义和调用。使用 SQL 语句操作数据的示例如代码 3-23 所示。

代码 3-23　使用 SQL 语句操作数据

```
> # 使用 SQL 语句操作数据
> name <- c(rep("张三", 1, 3), rep("李四", 3))
> subject <- c("数学", "语文", "英语", "数学", "语文", "英语")
> score <- c(89, 80, 70, 90, 70, 80)
> stuid <- c(1, 1, 1, 2, 2, 2)
> stuscore <- data.frame(name, subject, score, stuid)
> stuscore
  name subject score stuid
1 张三    数学     89     1
2 张三    语文     80     1
3 张三    英语     70     1
4 李四    数学     90     2
5 李四    语文     70     2
6 李四    英语     80     2
> library(sqldf)
> # 计算每个人的总成绩并排名（要求显示字段：姓名、总成绩）
> sqldf("select name, sum(score) as allscore from stuscore group by name order
+ by allscore")
  name allscore
1 张三      239
2 李四      240
> # 计算每个人的总成绩并排名（要求显示字段：学号、姓名、总成绩）
> sqldf("select name, stuid, sum(score) as allscore from stuscore group by name
+ order by allscore")
  name stuid allscore
```

```
1 张三      1      239
2 李四      2      240
> # 计算每个人单科的最高成绩（要求显示字段：学号、姓名、课程、最高成绩）
> sqldf("select stuid, name, subject, max(score) as maxscore from stuscore group
+ by stuid")
  stuid name  subject maxscore
1     1 张三      数学          89
2     2 李四      数学          90
> # 计算每个人的平均成绩（要求显示字段：学号、姓名、平均成绩）
> sqldf("select stuid, name, subject, avg(score) as avgscore from stuscore group
+ by stuid")
  stuid name  subject avgscore
1     1 张三      英语 79.66667
2     2 李四      英语 80.00000
> # 列出各门课程成绩最好的学生（要求显示字段：学号、姓名、科目、成绩）
> sqldf("select stuid, name, subject,max(score) as maxscore from stuscore group
+ by subject order by stuid")
  stuid name  subject maxscore
1     1 张三      语文          80
2     2 李四      数学          90
3     2 李四      英语          80
> # 列出各门课程的平均成绩（要求显示字段：课程、平均成绩）
> sqldf("select subject, avg(score) as avgscore from stuscore group by subject")
  subject avgscore
1    数学     89.5
2    英语     75.0
3    语文     75.0
```

3.4.2　汇总统计数据

数据汇总统计通过 aggregate 函数实现。它首先将数据进行分组（按行），然后对每一组数据进行函数统计，最后把结果组合成一个表格返回，格式如下。

```
aggregate(x, by, FUN)
```

aggregate 函数的参数描述如表 3-13 所示。

表 3-13　aggregate 函数的参数描述

参　　数	描　　述
x	待统计的数据对象
by	一个变量名组成的列表，这些变量将被去掉以形成新的观测值
FUN	用来计算描述性统计量的标量函数，它将被用来计算新的观测值

R 语言编程基础

aggregate 函数对数据汇总统计的示例如代码 3-24 和代码 3-25 所示。

代码 3-24　数据汇总统计

```
> # 数据汇总统计
> score <- data.frame(ID = c(101, 102, 103, 104, 105, 106, 107, 108, 109, 110),
+                score1 = c(92, 86, 85, 74, 82, 88, 96, 91, 84, 72),
+                score2 = c(73, 69, 82, 93, 80, 94, 71, 87, 86, 91),
+                gender = c("male", "male", "female", "female", "female",
+                "female", "female", "male", "male", "male"))
> score
   ID score1 score2 gender
1  101     92     73   male
2  102     86     69   male
3  103     85     82 female
4  104     74     93 female
5  105     82     80 female
6  106     88     94 female
7  107     96     71 female
8  108     91     87   male
9  109     84     86   male
10 110     72     91   male
> # 提取 score 中的 gender 字段
> gd <- list(score[, 4])
> # 对 score1 和 score2 列进行分组统计
> aggregate(score[, c(2, 3)], gd, mean)
  Group.1 score1 score2
1  female     85   84.0
2    male     85   81.2
```

代码 3-25　对数据集 mtcars 进行汇总统计

```
> # 数据汇总统计
> attach(mtcars)
> colnames(mtcars)  # 变量重命名
 [1] "mpg"  "cyl"  "disp" "hp"  "drat" "wt"  "qsec" "vs"  "am"  "gear" "carb"
> aggregate(mtcars[, c(1, 3)], by = list(cyl, gear), FUN = mean) # 数据汇总统计
  Group.1 Group.2    mpg     disp
1       4       3 21.500 120.1000
2       6       3 19.750 241.5000
3       8       3 15.050 357.6167
4       4       4 26.925 102.6250
5       6       4 19.750 163.8000
```

```
6       4       5 28.200 107.7000
7       6       5 19.700 145.0000
8       8       5 15.400 326.0000
```

如代码 3-25 的结果所示，Group.1 表示变量 cy1，Group.2 表示变量 gear；第 1 行的结果表示当 cy1 为 4、gear 为 3 时，mpg 和 disp 的均值分别为 21.5 和 120.1。

3.4.3　重塑数据

重塑数据可以通过 merge 函数与 melt 函数实现。其中，merge 函数可以横向合并两个数据框（数据集），而 melt 函数可以实现数据融合的功能。

1. merge 函数

merge 函数可以合并数据框，格式如下。

```
merge(x, y, by = intersect(names(x), names(y)), by.x = by, by.y = by, all = FALSE,
all.x = all, all.y = all, sort = TRUE, suffixes = c(".x",".y"), incomparables
= NULL, ...)
```

merge 函数的参数描述如表 3-14 所示。

表 3-14　merge 函数的参数描述

参　　数	描　　述
x、y	表示用于合并的两个数据框
by、by.x、by.y	表示指定依据哪些行合并数据框，默认值为相同列名的列
all、all.x、all.y	表示指定 x 和 y 的行是否应该全在输出文件中
sort	表示 by 指定的列是否要排序
suffixes	表示指定除 by 外的相同列名的后缀
incomparables	表示指定 by 中的哪些单元不进行合并

merge 函数合并数据的示例如代码 3-26 和代码 3-27 所示。

代码 3-26　使用 merge 函数合并数据（1）

```
> # 数据合并
> df1 <- data.frame(CustomerId = c(1:6),
+          Product = c(rep("Toaster", 3), rep("Radio", 3)))
> df2 <- data.frame(CustomerId = c(2, 4, 6, 7),
+          State = c(rep("Alabama", 3), rep("Ohio", 1)))
> df1
  CustomerId Product
1          1 Toaster
2          2 Toaster
3          3 Toaster
4          4   Radio
```

```
5        5     Radio
6        6     Radio
> df2
  CustomerId  State
1          2 Alabama
2          4 Alabama
3          6 Alabama
4          7    Ohio
> merge(df1, df2, all = TRUE)  # 取并集
  CustomerId Product   State
1          1 Toaster    <NA>
2          2 Toaster Alabama
3          3 Toaster    <NA>
4          4   Radio Alabama
5          5   Radio    <NA>
6          6   Radio Alabama
7          7    <NA>    Ohio
> merge(df1, df2, all = FALSE)  # 取交集
  CustomerId Product   State
1          2 Toaster Alabama
2          4   Radio Alabama
3          6   Radio Alabama
> merge(df1, df2, all.x = TRUE)  # 按 df1 的行显示
  CustomerId Product   State
1          1 Toaster    <NA>
2          2 Toaster Alabama
3          3 Toaster    <NA>
4          4   Radio Alabama
5          5   Radio    <NA>
6          6   Radio Alabama
```

代码 3-27　使用 merge 函数合并数据（2）

```
> ID <- c(1, 2, 3, 4)
> name <- c("A", "B", "C", "D")
> score <- c(60, 70, 80, 90)
> student1 <- data.frame(ID, name)
> student1
  ID name
1  1    A
2  2    B
3  3    C
```

```
4   4     D
> student2 <- data.frame(ID, score)
> student2
  ID score
1  1    60
2  2    70
3  3    80
4  4    90
> total.student1 <- merge(student1, student2, by = "ID")
> total.student1
  ID name score
1  1    A    60
2  2    B    70
3  3    C    80
4  4    D    90
```

2. melt 函数

在 R 语言中，reshape2 包中的 melt 函数可实现数据融合。它会根据数据类型（数据框、数组或列表）选择 melt.data.frame、melt.array 或 melt.list 函数进行实际操作。

如果融合的数据属于数组类型，那么 melt 函数的用法就很简单。它依次对各维度的名称进行组合，将数据进行线性 / 向量化。如果数组有 n 维，那么得到的结果共有 $n+1$ 列，前 n 列记录数组的位置信息，最后一列才是观测值，格式如下。

```
melt(data, varnames, value.name = "value", na.rm = FALSE)
```

其中，data 为用于融合的数据集；varnames 为融合后各维度的变量名；value.name 为观测值的变量名；na.rm 表示是否从数据集中删除缺失值，默认为 FALSE，不删除。

如果融合的数据属于列表数据，则 melt 函数将列表中的数据排成两列，一列记录列表元素的值，另一列记录列表元素的名称。如果列表中的元素是列表，则增加列变量存储元素名称。此时，元素值排列在前，名称在后，越是顶级的列表，元素名称越靠后。

如果融合的数据是数据框类型，则 melt 函数的参数就稍微复杂些，格式如下。

```
melt(data, id, measure, variable.name, value.name, na.rm = FALSE)
```

其中，id 是被当作维度的列变量，每个变量在结果中占一列；measure 是被当成观测值的列变量，其列变量名称和值分别组成 variable 和 value 列，列变量名称分别用 variable.name 和 value.name 来指定。相关示例如代码 3-28 所示。

代码 3-28　使用 melt 函数融合数据

```
> # 数据融合
> library(reshape2)
> # 作用于数据框的例子
> head(airquality)
  Ozone Solar.R Wind Temp Month Day
1    41     190  7.4   67     5   1
```

```
2    36       118  8.0   72      5    2
3    12       149 12.6   74      5    3
4    18       313 11.5   62      5    4
5    NA        NA 14.3   56      5    5
6    28        NA 14.9   66      5    6
> # 保留变量 Ozone、Month、Day, 其他的变量作为观测值, 拉长数据框
> air.melt <- melt(airquality, id = c("Ozone", "Month", "Day"), na.rm = TRUE)
> head(air.melt)
  Ozone Month Day variable value
1    41     5   1  Solar.R   190
2    36     5   2  Solar.R   118
3    12     5   3  Solar.R   149
4    18     5   4  Solar.R   313
7    23     5   7  Solar.R   299
8    19     5   8  Solar.R    99
> # 作用于数组的例子
> a <- array(c(1:11, NA), c(2, 3, 2))
> a
, , 1

     [,1] [,2] [,3]
[1,]    1    3    5
[2,]    2    4    6
, , 2

     [,1] [,2] [,3]
[1,]    7    9   11
[2,]    8   10   NA
> # 把高维数组 a 拉成一个数据框
> a.melt <- melt(a, na.rm = TRUE, varnames = c("X", "Y", "Z"))
> head(a.melt)
  X Y Z value
1 1 1 1     1
2 2 1 1     2
3 1 2 1     3
4 2 2 1     4
5 1 3 1     5
6 2 3 1     6
```

3.5 处理字符数据

要处理字符数据，读者首先需要掌握一些正则表达式的知识，然后还需要掌握一些相应的函数等。

3.5.1 正则表达式

正则表达式不是 R 语言的专属内容,但大多数字符串处理函数都需要使用正则表达式。因此,在介绍字符串处理函数前,此处先简单介绍正则表达式。

正则表达式是用于描述或匹配一个文本集合的表达式。所有的英文字母、数字和很多可显示的字符本身就是正则表达式,用于匹配它们自己。比如,"a"就是字母"a"的正则表达式。一些特殊的字符在正则表达式中不再描述它自身,因为它们在正则表达式中已经被"转义"了,这些字符称为"元字符"。常用的元字符如表 3-15 所示。

表 3-15 常用的元字符

符 号	描 述
.	除了换行以外的任意字符
\\	转义字符,如要匹配括号就要写成\\(\\)
|	表示可选项,即 | 前后的表达式任选一个
^	若放在表达式开始处,则表示匹配文本开始位置;若放在方括号内的开始处,则表示非方括号内的任一字符
$	放在句尾,表示一行字符串的结束
( )	提取匹配的字符串,(\\s*)表示连续空格的字符串
[ ]	选择方括号中的任意一个(例如,[a-z]表示任意一个小写字符)
{ }	前面的字符或表达式的重复次数。例如,{5,12}表示重复的次数不能少于 5 次,不能多于 12 次,否则都不匹配
*	前面的字符或表达式重复零次或更多次
+	前面的字符或表达式重复一次或更多次
?	前面的字符或表达式重复零次或一次

正则表达式的符号运算顺序:圆括号括起来的表达式最优先,然后是表示重复次数的操作(即* + {}),接下来是连接运算(其实就是几个字符放在一起,如 abc),最后是表示可选项的运算(|)。

3.5.2 字符串处理函数

字符串处理函数可以从文本型数据中抽取信息,设定随机数种子以指定均值向量、协方差阵可生成数据查看结果,或者为打印输出和生成报告重设文本的格式。常用的字符串处理函数如表 3-16 所示。在分析过程中,可根据不同的需要选择不同的函数对字符串数据进行处理。

表 3-16 字符串处理函数

函数的格式	描 述
nchar(x)	计算 x 中的字符数量
substr(x,start,stop)	提取或替换一个字符向量中的子串

R 语言编程基础

续表

函数的格式	描　述
grep(pattern, x, ignore.case = FALSE, perl = FALSE, value = FALSE, fixed = FALSE, useBytes = FALSE, invert = FALSE)	字符串查询，返回结果为匹配项的下标
grepl(pattern, x, ignore.case = FALSE, perl = FALSE, fixed = FALSE, useBytes = FALSE)	字符串查询，返回所有的查询结果，并用逻辑向量表示有没有找到匹配
sub(pattern, replacement, x, ignore.case=FALSE, fixed=FALSE)	对第 1 个满足条件的匹配做替换，原字符串并没有改变，要改变原变量只能通过再赋值的方式
gsub(pattern, replacement, x, ignore.case = FALSE, perl = FALSE, fixed = FALSE, useBytes = FALSE)	把所有满足条件的匹配都做替换，原字符串并没有改变，要改变原变量只能通过再赋值的方式
strsplit(x, split, fixed = FALSE, perl = FALSE, useBytes = FALSE)	在 split 处拆分字符向量 x 中的元素
paste (..., sep = " ", collapse = NULL)	连接字符串，分隔符为 sep
toupper(x)	大写转换
tolower(x)	小写转换

1. grep 函数

grep 函数可以查询字符串，返回结果为匹配项的下标，格式如下。

```
grep(pattern, x, ignore.case = FALSE, perl = FALSE, value = FALSE,
fixed = FALSE, useBytes = FALSE, invert = FALSE)
```

若 fixed=FALSE，则 pattern 为一个正则表达式。若 fixed=TRUE，则 pattern 为一个文本字符串。

grepl 函数也用于字符串的查询和替换，它返回一个逻辑向量，其中，TRUE 表示匹配，FALSE 表示不匹配。使用 grep1 函数和 grep 函数提取数据子集的结果都一样。

除了上述提到的 grep 函数和 grep1 函数之外，R 语言中可用于字符串提取的函数还有 regexpr 函数、gregexpr 函数和 regexec 函数。

对字符串进行查询的示例如代码 3-29 所示。

代码 3-29　字符串查询

```
> # 字符串查询
> txt <- c("Whatever", "is", "worth", "doing", "is", "worth", "doing", "well")
> # grep 函数
> grep("e.*r|wo", txt,fixed = FALSE) # 查询含有 "e...r" 或 "wo" 的字符串，返回匹配项下标
[1] 1 3 6
> # grepl 函数
> grepl("e.*r|wo", txt)  # 返回一个逻辑向量，TRUE 表示匹配
[1]  TRUE FALSE  TRUE FALSE FALSE  TRUE FALSE FALSE
```

```
> # gregexpr 函数
> gregexpr("e.*r|wo", txt)  # 返回一个列表，结果包括匹配项的起始位置及匹配项长度
> # regexec 函数
> regexec("e.*r|wo", txt)    # 结果与 gregexpr 函数相同
> # regexpr 函数
> regexpr("e.*r|wo", txt)    # 返回匹配项的起始位置及匹配项长度
[1]  5 -1  1 -1 -1  1 -1 -1
attr(,"match.length")
[1]  4 -1  2 -1 -1  2 -1 -1
attr(,"useBytes")
[1] TRUE
```

2. sub 函数

sub 函数可以对第 1 个满足条件的匹配做替换，格式如下。

```
sub(pattern, replacement, x, ignore.case=FALSE, fixed=FALSE)
```

sub 函数将在 x 中搜索 pattern，并以文本 replacement 将其替换。若 fixed=FALSE，则 pattern 为一个正则表达式；若 fixed=TRUE，则 pattern 为一个文本字符串。

sub 函数只对第 1 个满足条件的匹配做替换，若 x 为向量，则对每个分量的第 1 个满足条件的匹配做替换。sub 函数并没有改变原字符串，要改变原字符串只能通过再赋值的方式。相关示例如代码 3-30 所示。

代码 3-30　使用 sub 函数进行字符串替换

```
> # 字符串替换
> txt <- c("Whatever", "is", "worth", "doing", "is", "worth", "doing", "well")
> sub("[tr]", "k", txt)  # 各分量的第 1 个"t"或"r"替换为"k"
[1] "Whakever" "is"       "wokth"    "doing"    "is"       "wokth"    "doing"
[8] "well"
```

3. gsub 函数

gsub 函数可以把所有满足条件的匹配都做替换，格式如下。

```
gsub(pattern, replacement, x, ignore.case=FALSE, fixed=FALSE)
```

gsub 函数的用法与 sub 函数相同，但是二者的结果不同。sub 函数只对第 1 个满足条件的匹配做替换，而 gsub 函数会替换所有满足条件的匹配。比较 sub 函数和 gsub 函数的替换结果的示例如代码 3-31 所示。

代码 3-31　使用 gsub 函数进行字符串替换

```
> # 字符串替换
> txt <- c("Whatever", "is", "worth", "doing", "is", "worth", "doing", "well")
> gsub("[tr]", "k", txt)  # 所有的"t"和"r"替换为"k"
[1] "Whakevek" "is"       "wokkh"    "doing"    "is"       "wokkh"    "doing"
[8] "well"
```

4. strsplit 函数

strsplit 函数可以拆分字符串，格式如下。

```
strsplit(x, split, fixed = FALSE, perl = FALSE, useBytes = FALSE)
```

该函数将在 split 处拆分字符向量 x 中的元素，结果为一个列表。若 fixed=FALSE，则 split 为一个正则表达式；若 fixed=TRUE，则 split 为一个文本字符串。相关示例如代码 3-32 所示。

代码 3-32　字符串拆分

```
> # 字符串拆分
> data <- c("2016年1月1日", "2016年2月1日")
> strsplit(data, "年")   # 以 "年" 为分隔符拆分字符串，字符串拆分后以列表形式存储
[[1]]
[1] "2016"   "1月1日"


[[2]]
[1] "2016"   "2月1日"


> strsplit(data, "年")[[1]][1]   # 提取列表中的元素
[1] "2016"
```

5. paste 函数

paste 函数可用于连接字符串，格式如下。

```
paste(..., sep = " ", collapse = NULL)
```

其中，参数 sep 表示分隔符，默认为空格。参数 collapse 可选，如果不指定值，那么函数 paste 的返回值是自变量之间通过 sep 指定的分隔符连接后得到的一个字符型向量；如果为其指定了特定的值，那么自变量连接后的字符型向量会再被连接成一个字符串，之间通过 collapse 的值分隔。相关示例如代码 3-33 所示。

代码 3-33　字符串连接

```
> # 字符串连接
> paste("AB", 1:5, sep = "")   # 将 "AB" 与向量 1:5 连接起来
[1] "AB1" "AB2" "AB3" "AB4" "AB5"
> x <- list(a = "1st", b = "2nd", c = "3rd")
> y <- list(d = 1, e = 2)
> paste(x, y, sep = "-")   # 用符号 "-" 连接 x 与 y，较短的向量被循环使用
[1] "1st-1" "2nd-2" "3rd-1"
> paste(x, y, sep = "-", collapse = "; ")   # 设置 collapse 参数，连成一个字符串
[1] "1st-1; 2nd-2; 3rd-1"
> paste(x, collapse = ", ")   # 将 x 的各分量连接为一个字符串，符号 "," 为各分量的分隔符
[1] "1st, 2nd, 3rd"
```

3.6　小结

本章介绍了数据集基本处理的知识，主要有以下几点。

（1）在 R 语言中怎样新增数据属性列，包括访问数据框变量、创建新变量和重命名变量。

（2）在 R 语言中如何清洗数据及它们的多种处理方法，包括缺失值和日期变量的处理，以及如何对数据进行横向合并（添加变量）和纵向合并（添加观测值）。

（3）在 R 语言中如何选取变量与数据及整合数据，包括汇总统计数据和重塑数据。

（4）R 语言中的正则表达式，以及如何使用字符串处理函数。

课后习题

1. 选择题

（1）下列不属于用于修改变量名的函数是（　　）。

　　A．rename 函数　　B．names 函数　　C．name 函数　　　　D．colnames 函数

（2）下列用于修改矩阵变量名的函数是（　　）。

　　A．rename 函数　　　　　　　　B．colnames 函数

　　C．names 函数　　　　　　　　D．name 函数

（3）下列属于 as.Date 函数功能的选项是（　　）。

　　A．将字符串形式的日期值转换为日期变量

　　B．返回系统当前的日期

　　C．将字符串转换为包含时间及时区的日期变量

　　D．将日期变量转换成指定格式的字符型变量

（4）下列关于合并数据集不正确的选项是（　　）。

　　A．数据框的合并可以通过 rbind 函数和 cbind 函数

　　B．rbind 函数的自变量的宽度（列数）应该与原数据框的宽度相等

　　C．rbind 函数的自变量的高度（行数）应该与原数据框的宽度相等

　　D．cbind 函数的自变量的高度（行数）应该与原数据框的高度相等

（5）下列不属于 sample 函数功能的是（　　）。

　　A．放回随机抽样　　　　　　B．函数排序

　　C．可对数据进行随机分组　　D．不放回随机抽样

（6）下列关于 subset 函数表达的错误选项是（　　）。

　　A．可用来选取变量与观测变量

　　B．其中 x 是所要选择的数据框

　　C．subset 是所要查看信息的方法

　　D．select 查看的某个区域可以大于数据框 x

（7）使用 merge 函数合并数据时，下列为默认值的是（　　）。

　　A．相同列名的列　　　　　　B．相同行名的行

　　C．第 1 列数据　　　　　　　D．第 1 行数据

（8）使用 melt 函数操作 n 维数组时，返回的结果有（　　）列。

    A. n　　　　　　B. $n+1$　　　　　　C. $n-1$　　　　　　D. $n+2$

（9）元字符 * 的含义为（　　）。

    A. 前面的字符或表达式重复零次或更多次

    B. 前面的字符或表达式重复一次或更多次

    C. 前面的字符或表达式重复零次或一次

    D. 前面的字符或表达式重复零次

（10）下列关于 paste 函数表达错误的选项是（　　）。

    A. 参数 sep 表示分隔符，默认为空格

    B. 参数 collapse 不指定值时，返回值是自变量之间通过 sep 指定的分隔符连接后得到的一个字符型向量

    C. 参数 collapse 指定了特定的值，则自变量连接后的字符型向量会再被连接成一个字符串，之间通过 collapse 的值分隔

    D. 设置 collapse 参数，返回值为字符向量

2. 操作题

（1）创建一个矩阵，并使用交互式编辑器修改变量名；创建一个数据框，并在数据框中添加 3 个新变量，分别为原数据的差、乘积和余数。

（2）构建一个含有缺失值的数据框，检测该数据框是否含有缺失值并删除包含缺失值的行；创建一个字符串的日期值，分别使用 as.Date 函数、as.POSIXlt 函数、strptime 函数转换为日期变量；使用 sort 函数对 score 的 Chinese 列进行从大到小排列，并且把缺失值放在最后。

（3）构建一个数据框，并使用两种方法来选取变量；使用 sample 函数实现放回随机抽样与不放回随机抽样。

（4）使用 SQL 语句对文中数据框 stuscore 进行计算。

①计算每个人的总成绩并排名（要求显示字段：学号、总成绩）。

②计算每个人单科的最高成绩（要求显示字段：学号、课程、最高成绩）。

③列出各门课程成绩最好的学生（要求显示字段：学号、科目、成绩）。

④列出各门课程成绩最差的学生（要求显示字段：学号、科目、成绩）。

（5）创建一个列表，并使用 melt 函数将其融合。

（6）构建一个字符型向量，并使用 sub 函数和 gsub 函数完成字符串替换；使用 paste 函数分别返回一个字符型向量和一个字符串。

第 4 章 函数与控制流

R 语言中使用函数去实现想要的东西是十分方便的，不像 Java 那样做一个简单的计算都要自编代码。在处理复杂问题的时候，可以编写 R 语言的自定义函数。

本章重点介绍 R 语言的常用函数和 apply 函数族、条件分支语句、循环语句（for 循环、while 循环等）、自定义函数。

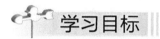 学习目标

（1）掌握使用常用函数及 apply 函数族处理数据的方法。
（2）掌握 if…else 等条件判断语句，以及 switch 分支语句。
（3）掌握 for 循环、while 循环、repeat-break 循环语句。
（4）掌握编写自定义函数的方法。

4.1 使用常用函数及 apply 函数族处理数据

4.1.1 掌握处理数据的常用函数

和其他数据分析软件一样，R 语言中也有许许多多可应用于数值计算和统计分析的数值函数，主要可以分成数学函数、统计函数和概率函数三大类。

1. 数学函数

常用的数学函数如表 4-1 所示。

表 4-1　数学函数

命　令	描　述
abs(x)	求绝对值
sqrt(x)	求平方根
ceiling(x)	求不小于 x 的最小整数
floor(x)	求不大于 x 的最大整数
trunc(x)	向 0 的方向截取 x 中的整数部分
round(x,digits=n)	将 x 舍入为指定位数的小数

续表

命　　令	描　　述
signif(x,digits=n)	将 x 舍入为指定的有效数字位数
sin(x)、cos(x)、tan(x)	求正弦、余弦和正切
asin(x)、acos(x)、atan(x)	求反正弦、反余弦和反正切
sinh(x)、cosh(x)、tanh(x)	求双曲正弦、双曲余弦和双曲正切
asinh(x)、acosh(x)、atanh(x)	求反双曲正弦、反双曲余弦和反双曲正切
log(x,base=n)	对 x 取以 n 为底的对数
log(x)	对 x 取自然对数
log10(x)	对 x 取常用对数
exp(x)	指数函数

数学函数的示例如代码 4-1 所示。

代码 4-1　数学函数的示例

```
> abs(-5)  # 求绝对值，返回值为 5
[1] 5
> sqrt(16)  # 求平方根，返回值为 4
[1] 4
> 16^(0.5)  # 和 sqrt(16) 等价，返回值为 4
[1] 4
> ceiling(3.457)  # 求不小于 x 的最小整数，返回值为 4
[1] 4
> floor(3.457)  # 求不大于 x 的最大整数，返回值为 3
[1] 3
> trunc(5.99)  # 向 0 的方向截取 x 中的整数部分，返回值为 5
[1] 5
> trunc(-5.99)  # 向 0 的方向截取 x 中的整数部分，返回值为-5
[1] -5
> round(3.457, digits = 2)  # 将 x 舍入为指定位的小数，返回值为 3.46
[1] 3.46
> signif(3.457, digits = 2)  # 将 x 舍入为指定的有效数字位数，返回值为 3.5
[1] 3.5
> cos(2)  # 求余弦，返回值为-0.4161468
[1] -0.4161468
> acos(-0.4161468)  # 求反余弦，返回值为 2
[1] 2
> sinh(2)  # 求双曲正弦，返回值为 3.62686
[1] 3.62686
```

```
> asinh(3.62686)  # 求反双曲正弦, 返回值为 2
[1] 2
> log(10,base = 10)  # 对 10 取以 10 为底的对数, 返回值为 1
[1] 1
> log(10)  # 对 10 取自然对数, 返回值为 2.302585
[1] 2.302585
> log10(10)  # 对 10 取常用对数, 返回值为 1
[1] 1
> exp(2.3026)  # 指数函数, 返回值为 10
[1] 10.00015
```

2. 统计函数

常用的统计函数如表 4-2 所示。

表 4-2 统计函数

命　　令	描　　述
mean(x)	求平均数
median(x)	求中位数
sd(x)	求标准差
var(x)	求方差
mad(x)	求绝对中位差（Median Absolute Deviation）
quantile(x,probs)	求分位数, 其中, x 为待求分位数的数值型向量; probs 为一个由[0,1]之间的概率值组成的数值向量
range(x)	求值域
sum(x)	求和
min(x)	求最小值
max(x)	求最大值
scale(x,center=TRUE,scale=TRUE)	对数据对象 x 按列进行中心化（center=TRUE）或标准化（center=TRUE、scale=TRUE）
diff(x, lag=n)	滞后差分, lag 用于指定滞后几项。默认的 lag 值为 1
difftime(time1,time2,units=c("auto","secs","mins","hours","days","weeks"))	计算时间间隔, 并以星期、天、时、分、秒来表示

统计函数的示例如代码 4-2 所示。

代码 4-2 统计函数的示例

```
> x <- c(1, 2, 3, 4)
> mean(x)  # 求平均数, 返回值为 2.5
```

```
[1] 2.5
> median(x)   # 求中位数, 返回值为 2.5

[1] 2.5
> sd(x)   # 求标准差, 返回值为 1.29

[1] 1.290994
> var(x)   # 求方差, 返回值为 1.67

[1] 1.666667
> mad(x)   # 求绝对中位差, 返回值为 1.48

[1] 1.4826
> quantile(x, c(.3, .84))   # 求 x 的 30%和 84%分位点, 返回值为 1.90 和 3.52
 30%  84%
1.90 3.52
> range(x)   # 求值域, 返回值为 c(1, 4)

[1] 1 4
> sum(x)   # 求和, 返回值为 10

[1] 10
> min(x)   # 求最小值, 返回值为 1

[1] 1
> max(x)   # 求最大值, 返回值为 4

[1] 4
> scale(x, center = TRUE, scale = FALSE)   # 中心化
      [,1]
[1,] -1.5
[2,] -0.5
[3,]  0.5
[4,]  1.5
attr(,"scaled:center")
[1] 2.5
> scale(x, center = TRUE, scale = TRUE)   # 标准化
           [,1]
[1,] -1.1618950
[2,] -0.3872983
[3,]  0.3872983
[4,]  1.1618950
attr(,"scaled:center")
[1] 2.5
attr(,"scaled:scale")
[1] 1.290994
> diff(x)   # 滞后差分

[1] 1 1 1
```

```
> # 求时间间隔
> date <- c("2016-01-27", "2016-02-27")
> difftime(date[2], date[1], units = "days")   # 时间间隔为天
Time difference of 31 days
> difftime(date[2], date[1], units = "weeks")  # 时间间隔为周
Time difference of 4.428571 weeks
```

3. 概率函数

在介绍概率函数之前，此处首先对常用的分布在 R 中的缩写进行汇总，包括 Beta 分布、Logistic 分布、二项分布等，如表 4-3 所示。

表 4-3　常见的分布名称及其在 R 中的缩写

分 布 名 称	缩　写	分布的参数名称及默认值
Beta 分布	beta	shape1、shape2
Logistic 分布	logis	location=0、scale=1
二项分布	binom	size、prob
多项分布	multinom	size、prob
柯西分布	cauchy	location=0、scale=1
负二项分布	nbinom	size、prob
（非中心）卡方分布	chisq	df
正态分布	norm	mean=0、sd=1
指数分布	exp	rate=1
泊松分布	pois	lambda
F 分布	f	df1、df2
Wilcoxon 符号秩分布	signrank	n
Gamma 分布	gamma	shape、scale=1
t 分布	t	df
几何分布	geom	prob
均匀分布	unif	min=0、max=1
超几何分布	hyper	m、n、k
Weibull 分布	weibull	shape、scale=1
对数正态分布	lnorm	meanlog=0、sdlog=1
Wilcoxon 秩和分布	wilcox	m、n

在 R 语言中，常用的概率函数有密度函数、分布函数、分位数函数和生成随机数函数。这些函数都以函数结合分布的形式来引用，比如，在 dnorm 正态分布密度函数中，d 表示

密度函数，norm 表示正态分布。上述 4 种概率函数的写法如下。

（1）d = 密度函数（density）。

（2）p = 分布函数（distribution function）。

（3）q = 分位数函数（quantile function）。

（4）r = 生成随机数（随机偏差）函数。

需要注意的是，生成随机数的函数格式如下。

```
rfunc(n,p1,p2,...)
```

其中，func 指概率分布函数，n 为生成数据的个数，p1、p2 等是分布的参数数值，可以参考概率函数。

上述 4 种函数的使用示例如代码 4-3 所示。

代码 4-3   4 种函数的使用示例

```
> # 在区间[-3,3]上绘制标准正态曲线
> x <- pretty(c(-3, 3), 30)
> y <- dnorm(x)
> plot(x, y, type = "l", xlab = "Normal Deviate", ylab = "Density", yaxs = "i")

> # 求位于 z=1.96 左侧的标准正态曲线下方的面积
> pnorm(1.96)
[1] 0.9750021

> # 求均值为 500、标准差为 100 的正态分布的 0.9 分位点值
> qnorm(.9, mean = 500, sd = 100)
[1] 628.1552

> # 生成 50 个均值为 50、标准差为 10 的正态随机数
> rnorm(50, mean = 50, sd = 10)
 [1] 39.14871 57.48370 40.81872 51.81670 49.13810 52.51133
 [7] 60.06274 55.73204 53.11264 59.53576 69.01836 68.26910
[13] 55.06921 52.17481 38.11358 62.98643 70.90519 47.38818
[19] 40.45889 52.65354 37.05843 46.20380 48.39713 43.10488
[25] 64.21582 56.45798 39.73053 57.94300 42.95069 43.34341
[31] 51.99460 31.94728 44.30390 27.83213 65.39722 40.96577
[37] 40.65756 54.92014 64.24563 39.16528 52.86150 39.25696
[43] 32.67792 40.80431 41.86511 49.08435 40.59463 46.71005
[49] 46.49060 69.87445
```

随机生成概率分布数据并求其密度和分位数的示例如代码 4-4 所示。

代码 4-4   随机生成概率分布数据并求其密度和分位数

```
> # 随机生成正态分布数据并求其密度和分位数
> data <- rnorm(20)  # 生成 20 个标准正态分布的数据
```

```
> data
 [1]   0.1957896  -0.8654222  -0.3712699  -0.5853124   0.6135992  -0.4399377
-2.0403238  0.1453941
 [9]   0.5139019  -1.7647750   1.9710206  -0.1209691  -0.5188702   0.4192976
-0.6660466  -1.0065911
[17]  1.1498600  0.6641894  -1.8194518  -2.7657521
> dnorm(data)   # 计算 date 中各个值对应的标准正态分布的密度
 [1] 0.391368654 0.274331970 0.372373016 0.336137882 0.330486147 0.362144801
0.049767196 0.394747779
 [9] 0.349592836 0.084065925 0.057188664 0.396033968 0.348697087 0.365370355
0.319580022 0.240375889
[17] 0.205969414 0.319975022 0.076219273 0.008706974
> pnorm(data)   # 计算 data 中各个值对应的标准正态分布的分位数
 [1] 0.577612568 0.193403546 0.355218263 0.279168836 0.730259901 0.329991098
0.020659041 0.557800127
 [9] 0.696339719 0.038800792 0.975639239 0.451857758 0.301925627 0.662500672
0.252690655 0.157065651
[17] 0.874899241 0.746715465 0.034421266 0.002839584
> pnorm(0.9, mean = 0, sd = 1)   # 计算标准正态分布的 0.9 分位数
[1] 0.8159399
```

4.1.2　使用 apply 函数族批量处理数据

　　R 语言中的函数的诸多有趣特性之一，就是它们可以应用到一系列的数据对象上，包括标量、向量、矩阵、数组、数据框和列表。R 语言将函数应用于不同的数据对象，主要是借助 apply 函数族来实现的。该函数族内的函数有 apply、lapply 等，各个函数的功能相似。需要注意的是，该函数族内的各函数的使用对象和返回结果的形式存在一定的差异。apply 函数族中的常用函数如表 4-4 所示。

表 4-4　apply 函数族中的常用函数

函数名称	使用对象	返回结果
apply	矩阵、数组或者数据框	向量、数组或列表
lapply	列表、数据框或者向量	列表
sapply	列表、数据框或者向量	向量、数组或列表
tapply	不规则阵列	阵列
mapply	多个列表或者向量参数	列表

1. apply 函数

　　apply 函数可以对数组或矩阵的一个维度生成列表或者数组、向量，格式如下。

```
apply(x,MARGIN,FUN,...)
```

　　apply 函数的参数描述如表 4-5 所示。

表 4-5　apply 函数的参数描述

参　　数	描　　述
x	数据对象，可以是矩阵、数组或者数据框
MARGIN	若为 1，则表示矩阵行；若为 2，则表示矩阵列。取值也可以是 c(1,2)
FUN	表示使用的函数

使用 apply 函数计算矩阵均值的示例如代码 4-5 所示。

代码 4-5　使用 apply 函数计算矩阵均值的示例

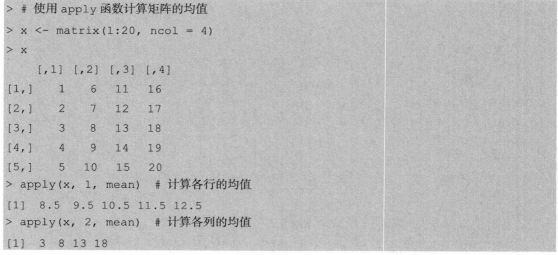

```
> # 使用 apply 函数计算矩阵的均值
> x <- matrix(1:20, ncol = 4)
> x
     [,1] [,2] [,3] [,4]
[1,]    1    6   11   16
[2,]    2    7   12   17
[3,]    3    8   13   18
[4,]    4    9   14   19
[5,]    5   10   15   20
> apply(x, 1, mean)  # 计算各行的均值
[1]  8.5  9.5 10.5 11.5 12.5
> apply(x, 2, mean)  # 计算各列的均值
[1]  3  8 13 18
```

2. lapply 函数

lapply 函数可以对 x 的每一个元素运用函数，生成一个与元素个数相同的值列表，格式如下。

```
lapply(x,FUN,...)
```

lapply 函数的参数描述如表 4-6 所示。

表 4-6　lapply 函数的参数描述

参　　数	描　　述
x	数据对象，可以是列表、数据框或者向量
FUN	表示使用的函数

使用 lapply 函数计算各子列表的均值的示例如代码 4-6 所示。

代码 4-6　使用 lapply 函数计算各列表的均值的示例

```
> # 使用 lapply 函数计算各子列表的均值
> x <- list(a = 1:5, b = exp(0:3))
> x
$a
```

```
[1] 1 2 3 4 5
$b
[1]  1.000000  2.718282  7.389056 20.085537
> lapply(x, mean)  # 对列表 x 的每一个元素计算均值
$a
[1] 3
$b
[1] 7.798219
```

3. sapply 函数

sapply 函数可以通过对 x 的每一个元素运用函数，生成一个与元素个数相同的值列表或矩阵，格式如下。

```
sapply(x,FUN,...,simplify=TRUE,USE.NAMES=TRUE)
```

sapply 函数中有一个 simplify 参数。若 simplify=FALSE，则等价于 lapply，否则将 lapply 输出的 list 简化为 vector 或 matrix。相关示例如代码 4-7 所示。

代码 4-7　使用 sapply 函数处理列表的字符串连接

```
> # 使用 sapply 函数处理列表的字符串连接
> list <- list(c("a", "b", "c"), c("A", "B", "C"))
> list
[[1]]
[1] "a" "b" "c"
[[2]]
[1] "A" "B" "C"
> # 列表 list 中的元素与数字 1~3 连接，输出结果为矩阵
> sapply(list, paste, 1:3, simplify = TRUE)
     [,1]  [,2]
[1,] "a 1" "A 1"
[2,] "b 2" "B 2"
[3,] "c 3" "C 3"
> # 列表 list 中的元素与数字 1~3 连接，输出结果为列表
> sapply(list, paste, 1:3, simplify = FALSE)
[[1]]
[1] "a 1" "b 2" "c 3"
[[2]]
[1] "A 1" "B 2" "C 3"
```

4. tapply 函数

tapply 函数可以对不规则阵列使用向量，即对非空值按照一组确定因子进行相应计算，格式如下。

```
tapply(x,INDEX,FUN,...,simplify=TRUE)
```

tapply 函数的参数描述如表 4-7 所示。

表 4-7　tapply 函数的参数描述

参　　数	描　　述
x	通常是一个向量
INDEX	因子列表，和 x 长度一样
FUN	函数
simplify	逻辑变量，若取值为 TRUE(默认值)，且函数 FUN 的计算结果总是一个标量值，那么 tapply 函数返回一个数组；若取值为 FALSE，则 tapply 函数的返回值为一个 list 对象

需要注意的是，当第 2 个参数 INDEX 不是因子时，tapply 函数同样有效，因为必要时，as.factor 函数会把参数强制转换成因子。tapply 函数的相关示例如代码 4-8 所示。

代码 4-8　使用 tapply 函数进行分组统计

```
> # 使用 tapply 函数进行分组统计
> height <- c(174, 165, 180, 171, 160)
> sex <- c("F", "F", "M", "F", "M")
> tapply(height, sex, mean)  # 计算不同 sex 对应的 height 的均值
  F   M
170   170
```

5．mapply

mapply 函数是 sapply 函数的多变量版本。该函数将对多个变量的每个参数运行 FUN 函数，如有必要，参数将被循环，格式如下。

```
mapply(FUN,...,MoreArgs=NULL,SIMPLIFY=TRUE,USE.NAMES=TRUE)
```

mapply 函数的参数描述如表 4-8 所示。

表 4-8　mapply 函数的参数描述

参　　数	描　　述
FUN	函数
MoreArgs	FUN 函数的其他参数列
SIMPLIFY	逻辑或者字符串，取值为 TRUE 时，将结果转换为一个向量、矩阵或者更高维阵列，但不是所有结果都能够转换

使用 mapply 函数重复生成列表的示例如代码 4-9 所示。

代码 4-9　使用 mapply 函数重复生成列表的示例

```
> # 使用 mapply 函数重复生成列表
> # 重复生成列表 list(x=1:2)，重复次数 times=1:3，结果为一个列表
> mapply(rep, times = 1:3, MoreArgs = list(x = 1:2))
[[1]]
```

```
[1] 1 2
[[2]]
[1] 1 2 1 2
[[3]]
[1] 1 2 1 2 1 2
> # 重复生成列表 list(x=1:2), 重复次数 times=c(2,2), 结果为一个矩阵
> mapply(rep, times = c(2, 2), MoreArgs = list(x = 1:2))
     [,1] [,2]
[1,]   1    1
[2,]   2    2
[3,]   1    1
[4,]   2    2
```

4.2 编写条件分支语句

条件分支语句在编程语言中非常常见。R 语言中，常用的条件分支语句包括 if…else 语句和 switch 语句。

4.2.1 掌握 if…else 判断语句

1．if-else 结构

在 R 语言中创建 if-else 结构语句的基本格式如下。

```
if (boolean expression) {
   //当布尔表达式为真时执行语句
} else {
   //当布尔表达式为假时执行语句
}
```

如果布尔表达式（boolean expression）求得的值为真（TRUE），那么将执行 if 语句中的代码块，否则将执行 else 语句中的代码块。if-else 结构语句的流程图如图 4-1 所示。

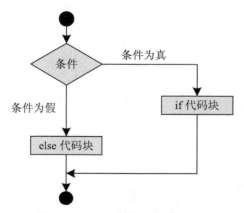

图 4-1 if-else 结构语句流程图

if-else 结构语句的相关示例如代码 4-10 所示。

代码 4-10　if-else 结构语句的相关示例

```
> # if-else 结构语句
> x <- c("what","is","truth")
> if ("Truth" %in% x) {
  print("Truth is found")
} else {
  print("Truth is not found")
}


[1] "Truth is not found"
```

if-else 结构语句可以实现多重条件的嵌套，其中，三重嵌套的条件语句的基本格式如下。

```
if (boolean_expression 1) {
    //当布尔表达式 1 为真时执行
} else if ( boolean_expression 2) {
    //当布尔表达式 2 为真时执行
} else if ( boolean_expression 3) {
    //当布尔表达式 3 为真时执行
} else {
    //当上述条件都不为真时执行
}
```

嵌套 if-else 结构语句的相关示例如代码 4-11 所示。

代码 4-11　嵌套 if-else 结构语句的相关示例

```
> # 嵌套的 if-else 结构语句, 若 a<0, 则 result=0; 若 0<a<1, 则 result=1; 若 a>1, result=2
> a <- -1
> if (a < 0) {
+   result = 0
+ } else if (a < 1) {
+   result = 1
+ } else {
+   result = 2
+ }
> result
[1] 0
```

2. ifelse 结构

ifelse 结构是 if-else 结构比较紧凑的向量化版本，其格式如下。

```
ifelse(condition, statement1, statement2)
```

若 condition 为 TRUE，则执行第 1 个语句；若 condition 为 FALSE，则执行第 2 个语句。相关示例如代码 4-12 所示。

代码 4-12 ifelse 语句的相关示例

```
> # ifelse 语句
> x <- c(1, 1, 1, 0, 0, 1, 1)
> ifelse(x != 1, 1, 0)  # 如果 x 的值不等于 1, 输出 1, 否则输出 0

 [1] 0 0 0 1 1 0 0
```

当程序的行为是二元时，或者希望结构的输入和输出均为向量时，可使用 ifelse 结构。

4.2.2 使用 switch 分支语句

switch 分支语句的格式如下。

```
switch(expression,list)
```

其中，expression 为表达式，list 为列表，可以用有名定义。如果表达式返回值在 1 到 length(list) 之间，则返回列表相应位置的值，否则返回 "NULL" 值。当 list 是有名定义、表达式等于变量名时，返回变量名对应的值，否则返回 "NULL" 值。相关示例代码如代码 4-13 所示。

代码 4-13 switch 语句的相关示例

```
> # switch 语句
> switch(2, mean(1:10), 1:5, 1:10)  # 输出第 2 个向量
[1] 1 2 3 4 5
> y <- "fruit"
> switch(y, fruit = "apple", vegetable = "broccoli",
+   meat = "beef") # 输出 fruit 对应的值
[1] "apple"
```

4.3 编写循环语句

常用的循环语句主要有 for 循环、while 循环和 repeat 循环。使用循环语句可以处理很多问题。

4.3.1 使用 for 循环语句

for 语句用于创建循环，格式如下。

```
for (name in expr1) {expr2}
```

其中，name 是循环变量，在每次循环时从 expr1 中顺序取值；expr1 是一个向量表达式（通常是序列，如 1:20）；expr2 通常是一组表达式，当 name 的值包含在 expr1 中时，执行 expr2 的语句，否则循环将终止。

在循环过程中，若需要输出每次循环的结果，则可使用 cat 函数或 print 函数。cat 函数的格式如下。

```
cat(expr1,expr2,...)
```

expr1、expr2 为需要输出的内容，可以为字符串或表达式。例如，若 expr1 为 "name"，则输出字符串 "name"；若 expr1 为变量 name，则输出 name 的值。另外，符号 "\n" 表示

R 语言编程基础

换行，表示"\n"后的语句在下一行输出。相关示例如代码 4-14 所示。

代码 4-14　使用 for 循环输出 2、5、10 的平方根

```
> # 使用 for 语句循环输出 2、5、10 的平方根
> n <- c(2, 5, 10)
> for (i in n) {
+ x <- sqrt(i)  # 计算平方根
+ cat("sqrt(" , i , ") =", x, "\n")  # 输出每次循环的结果
+ }

sqrt( 2 ) = 1.414214
sqrt( 5 ) = 2.236068
sqrt( 10 ) = 3.162278
```

4.3.2　掌握 while 循环语句

while 语句用于创建循环，格式如下。

```
while (cond) {expr}
```

其中，cond 为判断条件，expr 为一个或一组表达式。while 循环重复执行语句 expr，直到条件 cond 不为真为止。示例如代码 4-15 所示。

代码 4-15　while 循环的相关示例

```
> # 使用 while 语句生成 10 个斐波那契数列
> x <- c(1, 1)
> i <- 3
> while (i <= 10) {  # 当 i>10 时循环停止
+   x[i] <- x[i - 1] + x[i - 2]  # 计算前两项的和
+   i <- i + 1
+ }
> x
 [1]  1  1  2  3  5  8 13 21 34 55
```

4.3.3　使用 repeat-break 循环语句

repeat 是无限循环语句，并且会在达到循环条件后使用 break 语句直接跳出循环，格式如下。

```
repeat expr
repeat {if(cond){break}}
```

repeat-break 循环的相关示例如代码 4-16 所示。

代码 4-16　repeat-break 循环的相关示例

```
> # 根据用户的单击数将用户分为"初级用户""中级用户"和"高级用户"
> pv <- c(1, 1, 2, 3, 1, 1, 15, 7, 18)
> i <- 1
```

```
> result <- ""
> repeat {
+   if (i > length(pv)) {   # 设置循环结束时的跳出语句
+     break
+   }
+   if (pv[i] <= 5) {
+     result[i] <- "初级用户";   # 单击数小于等于 5 的用户为"初级用户"
+   } else if (pv[i] <= 15) {
+     result[i] <- "中级用户";   # 单击数大于 5 且小于等于 15 的用户为"中级用户"
+   } else {
+     result[i] <- "高级用户";   # 单击数大于 15 的用户为"高级用户"
+   }
+   i <- i + 1
+ }

> result
[1] "初级用户" "初级用户" "初级用户" "初级用户" "初级用户" "初级用户" "中级用户" "中级
用户"
[9] "高级用户"
```

4.4 编写自定义函数

4.4.1 掌握自定义函数的方法

R 语言实际上是函数的集合，可以使用 base、stats 等包中的基本函数，也可以编写自定义函数完成一定的功能。一个函数的结构大致如下。

```
myfunction <- function(arglist) {
  statements
  return(object)
}
```

其中，myfunction 为函数名称，arglist 为函数中的参数列表，大括号{}内的语句为函数体，函数参数是函数体内部将要处理的值，函数中的对象只在函数内部使用。

函数体通常包括以下 3 个部分。

（1）异常处理。若输入的数据不能满足函数计算的要求，或者类型不符，则应设计相应的机制提示哪个地方出现错误。

（2）运算过程。包括具体的运算步骤。运算过程和该函数要完成的功能有关。

（3）返回值。用 return 函数给出，返回对象的数据类型是任意的，从标量到列表皆可。函数在内部处理过程中，一旦遇到 return，就会终止运行，将 return 内的数据作为函数处理的结果给出。

自定义函数计算标准差的示例如代码 4-17 所示。

代码 4-17　自定义函数计算标准差

```
> # 自定义函数计算标准差
> sd2 <- function(x) {
+   # 异常处理，当输入的数据不是数值类型时报错
+   if (!is.numeric(x)) {
+     stop("the input data must be numeric!\n")
+   }
+   # 异常处理，当仅输入一个数据时，告知不能计算标准差
+   if (length(x) == 1) {
+     stop("can not comput sd for one number,a unmeric vector required.\n")
+   }
+   # 初始化一个临时向量，保存循环的结果
+   # 求每个值与平均值的平方
+   x2 <- c()
+   # 求该向量的平均值
+   meanx <- mean(x)
+   # 循环
+   for (i in 1:length(x)) {
+     xn <- x[i] - meanx
+     x2[i] <- xn^2
+   }
+   # 求总平方和
+   sum2 <- sum(x2)
+   # 计算标准差
+   sd <- sqrt(sum2 / (length(x) - 1))
+   # 返回值
+   return(sd)
+ }

> # 程序的检验
> sd2(c(2, 6, 4, 9, 12))  # 正常的情况
[1] 3.974921
> sd2(3)  # 一个数值的情况
Error in sd2(3) :
  can not comput sd for one number,a unmeric vector required.
> sd2(c("1", "2"))  # 输入数据不为数值类型时
Error in sd2(c("1", "2")) : the input data must be numeric!
```

　　代码 4-18 中的函数是一个使用了 switch 结构的自定义函数。此函数可让用户选择输出当天日期的格式。在函数声明中为参数指定的值将作为其默认值。在 mydate 函数中，如果未指定 type，则 long 将为默认的日期格式。

代码 4-18 使用 switch 结构的自定义函数

```
> # 使用 switch 结构的自定义函数
> mydate <- function(type = "long") {
+   switch(type,
+         long = format(Sys.time(), "%A %B %d %Y"),
+         short = format(Sys.time(), "%m-%d-%y"),
+         cat(type, "is not a recognized type\n")
+   )
+ }

> # 程序的检验
> mydate("long")
[1] "星期四 九月 28 2017"
> mydate("short")
[1] "09-28-17"
> mydate()
[1] "星期四 九月 28 2017"
> mydate("medium")
medium is not a recognized type
```

创建好自定义的函数以后，下次使用该函数时可通过 source 函数调用，格式如下。

```
source(".../myfunction.R")
```

"…/myfunction.R"为自定义函数的保存路径。若自定义的函数在当前工作目录中，则可直接使用语句 source("myfunction.R")调用。

4.4.2 实现两个矩阵的乘积

矩阵的乘积只有在第 1 个矩阵的列数（col）和第 2 个矩阵的行数（row）相同时才有意义。这是在代码实现的时候需要特别注意的。例如，计算矩阵 A 和矩阵 B 的乘积，即 $C=A \cdot B$，以下两点是计算的要点。

（1）矩阵 C 的行数等于矩阵 A 的行数，C 的列数等于 B 的列数。

（2）矩阵 C 的第 m 行第 n 列的元素等于矩阵 A 的第 m 行的元素与矩阵 B 的第 n 列对应元素乘积之和。

参考代码如代码 4-19 所示。

代码 4-19 矩阵的乘积

```
> POM <- function(x,y) {
+   m1 <- ncol(x)
+   n <- nrow(y)
+   if(m1 != n)
+   {
+     print('error dimension is not siutable')
```

```
+     return(0)
+   }
+   m <- nrow(x)
+   n1 <- ncol(y)
+   s <-matrix(0,m,n1)
+   for(i in 1:m)
+     for(j in 1:n1)
+       s[i,j] <- sum(x[i,]*y[,j])
+   return(s)
+ }
> # 矩阵 s 的行数等于矩阵 x 的行数，s 的列数等于 y 的列数
> # 乘积 s 的第 m 行第 n 列的元素等于矩阵 x 的第 m 行的元素与矩阵 y 的第 n 列对应元素乘积之和
> x <- matrix(c(1:6), 2, 3, byrow = TRUE)
> y <- matrix(c(1:6), 3, 2, byrow = FALSE)
> POM(x, y)
     [,1] [,2]
[1,]   14   32
[2,]   32   77
```

在实现矩阵的乘积的时候，需要用到条件分支、循环、常用函数及自定义函数。

4.5 小结

本章介绍了控制流常用函数、自定义函数的相关内容，主要包括以下几点。

（1）R 语言中用于处理数据的常用数学函数、统计函数和概率函数，怎样使用 apply 函数族批量处理数据，以及如何将这些函数应用到范围广泛的数据对象上，其中包括向量、矩阵和数据框。

（2）R 语言控制流结构的使用方法，例如，使用条件分支语句判断向量是否含有指定字符串并输出特定语句，或用循环输出多个数的平方根，以及划分用户等级等。

（3）R 语言中编写自定义函数，并用自定义函数求矩阵的乘积。

课后习题

1．选择题

（1）下列能返回不小于 x 的最小整数的数学函数是（　　　）。

    A．trunc   B．floor   C．ceiling   D．mad

（2）下列不属于 apply 函数使用对象的是（　　　）。

    A．矩阵   B．向量   C．数组   D．数据框

（3）在 ifelse(condition,statement1,statement2)语句中，当 condition 为 TRUE 时，执行的语句是（　　　）。

    A．statement1   B．statement2   C．statement3   D．statement4

（4）在 switch(expression,list)语句中，当 list 是有名定义、表达式等于变量名时，返回的结果是（　　）。

    A．列表相应位置的值　　　　　　　B．变量名对应的值

    C．"NULL"值　　　　　　　　　　D．列表名

（5）下列不属于条件分支语句的数据分析的应用场景的是（　　）。

    A．if-else 语句　　B．for 循环语句　　C．switch 语句　　　　D．ifelse 语句

（6）下列关于 cat(expr1,expr2,…)函数表达不正确的是（　　）。

    A．expr1、expr2 为需要输出的内容，必须为字符串

    B．若 expr1 为 "name"，则输出字符串 "name"

    C．若 expr1 为变量 name，则输出 name 的值

    D．符号 "\n" 表示换行，表示 "\n" 后的语句在下一行输出

（7）能让 while ((i <= 10) {expr}语句停止循环的选项是（　　）。

    A．i == 10　　　　B．i == 11　　　　C．i == 5　　　　D．i == 1

（8）使用自定义函数时可通过（　　）调用。

    A．source 函数　　B．var 函数　　C．range 函数　　　　D．signif 函数

（9）函数体不包括（　　）部分。

    A．异常处理　　　B．返回值　　　C．输入值　　　　D．运算过程

（10）下列选项中表示返回值的函数是（　　）。

    A．median　　　　B．dnorm　　　　C．source　　　　D．return

2．操作题

（1）使用 apply 函数族中的函数计算列表 x <- list(a = 1:5, b = exp(0:3))中的各子列表的最大值、最小值与中位数。

（2）在区间[–5,5]上绘制标准正态曲线，求位于 z=1.96 左侧的标准正态曲线下方的面积。

（3）用条件分支语句将成绩划分为 5 个等级：A（大于等于 90）、B（大于等于 80）、C（大于等于 70）、D（大于等于 60）、E（小于 60）。例如，对成绩 87 分进行判断。

（4）判断 101～200 之间有多少个素数，并输出所有素数。

（5）编写一个自定义函数求两个矩阵的乘积，并找出乘积矩阵中的最大元素。

第 5 章 初级绘图

R 语言除了拥有良好的数据处理和分析能力外，对于数据的展现也有极其灵活和强大的作用。由于图形对于分析结果的表达往往更具有直观性和简单性，所以对于一份优秀的数据分析报告而言，将数据结果以适当的图形方式展示能产生更好的效果。

本章重点介绍绘制各类型图形及对图形进行组织、编辑的方法。

学习目标

（1）掌握使用 R 语言绘制基本图形的方法。
（2）掌握修改图形参数的方法。
（3）掌握绘制组合图形的方法。
（4）掌握在 R 语言中保存图形的方法。

5.1 绘制基础图形

分析数据第一件要做的事情就是观察数据。对于每个变量，需要注意的是最常见的值、值域、不寻常的观测、多个变量的关系、是否符合模型假设等。R 语言提供了丰富的图形函数来展示数据。常见的图形函数如表 5-1 所示。

表 5-1　常见的图形函数

函　　数	图　　形	功　　能
hist	直方图	分布
sm.density.compare	密度图	分布
boxplot	箱线图	分布
vioplot	小提琴图	分布
barplot	条形图	分布
dotchart	Cleveland 点图	分布
pie	饼图	分布
plot	根据绘图对象而异，最简单的是散点图	关系（对散点图），图形不同，功能不同
pairs	散点图矩阵	关系

续表

函　　数	图　　形	功　　能
corrgram	相关图	关系
qqplot	QQ 图	假设检验
mosaicplot	马赛克图	假设检验
stars	星状图	突出特征
sunflowerplot	向日葵散点图	突出特征
contour	等高图	聚类
heatmap	热图	聚类

本节将学习根据数据要求，使用 R 语言进行相应图形绘制的方法。

5.1.1　分析数据分布情况

数据的数字特征刻画了数据的主要特征，而对数据总体情况做全面描述时，研究人员需要研究数据的分布情况。分析数据分布情况的主要方法是绘制相应的图形，如直方图、条形图、饼图、箱线图等。

1．直方图

直方图（Histogram）又称质量分布图，是统计报告图的一种，由一系列高度不等的纵向条纹或者线段表示数据分布的情况，一般用横轴表示数据所属类别，用纵轴表示数量或者占比。用直方图可以比较直观地看出产品质量特性的分布状态，便于判断其总体质量分布情况。

直方图可以发现分布表无法发现的数据模式、样本的频率分布和总体的分布。

在 R 语言中，hist 函数可用于绘制直方图，显示连续数据的分布情形。直方图通过在 x 轴上将值域分割为一定数量的组，并在 y 轴上显示相应值的频数来绘制。hist 函数的格式如下。

```
hist(x, breaks = "Sturges" ,freq = NULL,...)
```

hist 函数的常用参数及其描述表 5-2 所示。

表 5-2　hist 函数的常用参数描述

参　　数	参数描述
x	数值向量
breaks	分段区间，取值为一个向量（各区间端点）、一个数字（拆分为多少段）、一个字符串（计算划分区间的算法名称），或者一个函数（划分区间个数的方法）
freq	是否以频数绘图：默认 TRUE，画出频数直方图；若取值 FALSE，则画频率直方图

绘制 cars 数据集中 speed 的直方图的示例如代码 5-1 所示。

代码 5-1　cars 数据集中 speed 的直方图

```
> hist(cars$speed)
```

通过绘制 cars 数据集的直方图（如图 5-1 所示）可以看到，大部分的汽车速度集中在每小时 16.093 ~ 32.186km 的范围内。

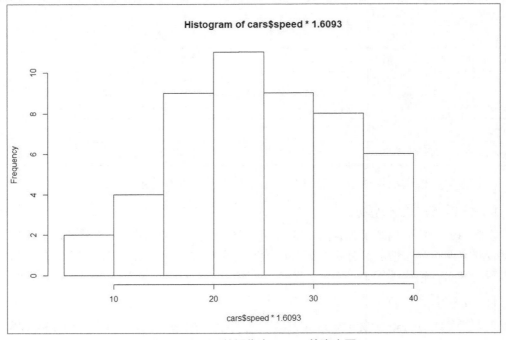

图 5-1　cars 数据集中 speed 的直方图

2. 条形图

条形图（Bar Chart）中的一个单位长度表示一定的数量，首先根据数量的多少绘制长短不同的直条，然后把这些直条按一定的顺序排列起来。研究人员从条形统计图中很容易看出各种数量的多少。

在 R 语言中，barplot 函数可用于绘制条形图，展示各类数据的数量分布情形。条形图的 x 轴是数据类别，y 轴是相应类别的频数。barplot 函数的格式如下。

```
barplot(height, beside = FALSE, horiz = FALSE,...)
```

barplot 函数的常用参数及其描述如表 5-3 所示。

表 5-3　barplot 函数的常用参数描述

参　　数	参数描述
height	数值，数据结构必须是向量或者矩阵
beside	默认值为 FALSE，每一列都将给出堆砌的"子条"高度；若 beside=TRUE，则每一列都表示一个分组并列
horiz	逻辑值，默认为 FALSE；若改成 TRUE，则图形变为横向条形图

使用 R 语言自带的数据集 VADeaths 展示条形图如代码 5-2 所示。其中，VADeaths 数据集记录的是 1940 年 Virginia（弗吉尼亚州）不同人群（Rural Male、Rural Female、Urban

Male、Urban Female）中每一千人的死亡情况。

代码 5-2　VADeaths 数据集的条形图

```
> barplot(VADeaths, beside = TRUE)
```

通过绘制出来的条形图（如图 5-2 所示）可以看到，随着年龄的增长，Virginia 人群的死亡率逐渐增加，并且在 4 类人群（Rural Male、Rural Female、Urban Male、Urban Female）中，Urban Male 的死亡率比同年龄段的其他群体的死亡率要高。同时，在同一环境下，相同年龄段的男性的死亡率要比女性高。

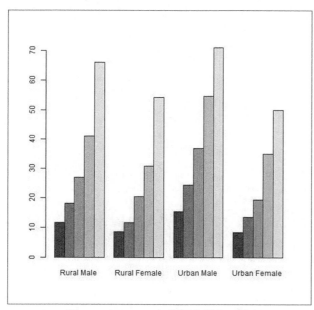

图 5-2　VADeaths 数据集的条形图

3．饼图

饼图（Pie Graph）是将各项的大小与各项总和的比例显示在一张"饼"中，以"饼"的大小来确定每一项的占比。饼图可以比较清楚地反映出部分与部分、部分与整体之间的比例关系，易于显示每组数据相对于总数的大小，而且显现方式直观。

R 语言里，可用于绘制饼图的函数为 pie 函数，其格式如下。

```
pie(x, labels = names(x), radius = 0.8,...)
```

pie 函数的常用参数及其描述如表 5-4 所示。

表 5-4　pie 函数的常用参数描述

参　数	参数描述
x	非负的数值向量，x 中的值表示饼图切片的区域
labels	标签，一个或多个给切片命名的表达式或者字符串
radius	半径，取值从–1～1，其中数字表示饼图的半径大小。负数表示从 180° 开始绘制饼图，正数表示从 0° 开始绘制饼图

R 自带的数据集 VADeaths 可展示不同人群（Rural Male、Rural Female、Urban Male、Urban Female）死亡率的占比情况，如代码 5-3 所示。

代码 5-3　饼图

```
> percent <- colSums(VADeaths)*100/sum(VADeaths)
> pie(percent,labels = paste0(colnames(VADeaths), '\n', round(percent,2), '%'))
```

通过观察图 5-3 可以发现，Virginia 人群中死亡率最高的是 Urban Male，而且男性的死亡率比女性的死亡率要高。

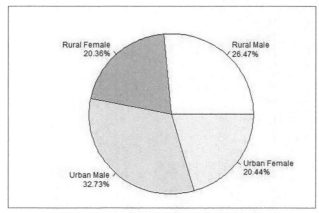

图 5-3　VADeaths 数据集的饼图

4. 箱线图

箱线图（Boxplot）也称箱须图，其绘制须使用常用的统计量（最小值、下四分位数、中位数、上四分位数、最大值），能提供有关数据位置和分散情况的关键信息，尤其在比较不同特征时，更能表现其分散程度差异。图 5-4 标示了每条线表示的含义。

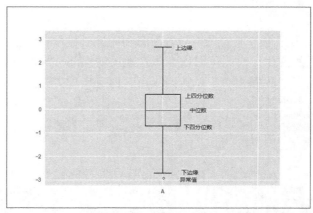

图 5-4　箱线图示例

箱线图利用数据中的 5 个统计量来描述数据，可以粗略地让研究者看出数据是否具有对称性、分散程度等信息，可以用于对几个样本的比较。

boxplot 函数可以用于绘制箱线图，格式如下。

```
boxplot(x,..., range = 1.5, width = NULL, varwidth = FALSE, notch = FALSE, names,
horizontal = FALSE, add = FALSE,...)
```

boxplot 函数还可以做箱线图的组间比较，格式如下。

```
boxplot(formula, data = NULL, ..., subset, na.action = NULL)
```

boxplot 函数常用的参数及其描述如表 5-5 所示。

表 5-5　boxplot 函数的常用参数描述

参　　数	参数描述
x	数值向量，以此做出箱线图
formula	公式，形式如 y ~ grp，其中，y 是数据集中的数值型向量，根据 grp 来划分 y 的类别，而 grp 通常是因子型数据
data	提供 formula 数据的数据框
range	一个延伸倍数，箱线图延伸到距离箱子两端 range *IQR 处，超过这个范围的数据点就被视作离群点，在图中直接以点的形式标示出来
width	箱子的宽度
varwidth	箱子的宽度与样本量的平方根是否成比例。默认为 FALSE，不成比例；若为 TRUE，则成比例
notch	设置图形是否带刻槽，默认为 FALSE；如果改为 TRUE，则绘制矩阵样本 x 的带刻槽的凹盒图
horizontal	改变图形的方向，默认为 FALSE，垂直画图；TURE 为水平画图
add	是否将箱线图添加到现有图形上，默认为 FALSE

以 iris 数据集为例，展示 boxplot 函数的绘图效果，如代码 5-4 所示。其中，iris 数据集即鸢尾花卉数据集，是常用的分类实验数据集，由 Fisher 在 1936 年收集整理。数据集包含 150 个子数据集，分为 3 类（分别为 setosa、versicolor、virginica），每类 50 个数据，每个数据包含 4 个属性，即花萼长度、花萼宽度、花瓣长度、花瓣宽度，部分数据如表 5-6 所示。

表 5-6　iris 数据集的部分数据展示

	Sepal.Length	Sepal.Width	Petal.Length	Petal.Width	Species
1	5.1	3.5	1.4	0.2	setosa
2	4.9	3	1.4	0.2	setosa
3	4.7	3.2	1.3	0.2	setosa
4	4.6	3.1	1.5	0.2	setosa
5	5	3.6	1.4	0.2	setosa
6	5.4	3.9	1.7	0.4	setosa

续表

	Sepal.Length	Sepal.Width	Petal.Length	Petal.Width	Species
7	4.6	3.4	1.4	0.3	setosa
8	5	3.4	1.5	0.2	setosa
9	4.4	2.9	1.4	0.2	setosa
10	4.9	3.1	1.5	0.1	setosa

代码 5-4　iris 数据集的箱线图

```
> par(mfrow = c(1, 2))  # 同一画布显示下面两个箱线图
> boxplot(iris[1:4], main = '单独的箱线图')
> boxplot(Sepal.Length ~ Species, data = iris, main = '组间比较的箱线图')
> par(mfrow = c(1,1))
```

运行代码 5-4 得到的箱线图如图 5-5 所示。左边的图中可以看出 iris 数据集的 Sepal.Width 列含有 4 个异常值，而在右边的图中，iris 数据集的 Sepal.Length 列中，类别属于 virginica 的数据含有一个异常值。同时，从左边的图中可以看出，Petal.Length 列前半部分相对分散，后半部分相对密集。

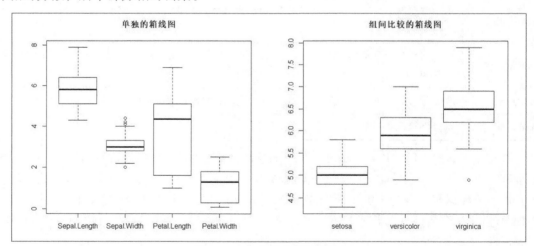

图 5-5　iris 数据集的箱线图

5.1.2　分析数据间的关系

在分析数据间的关系时，常用散点图和多变量相关矩阵图查看数据间的相关情况。这两种图形都能够分析不同数值型特征间的关系，其中，散点图主要通过查看数据分布情况来分析特征间的相关关系，而多变量相关矩阵图则是根据两两变量之间的相关系数图来分析两两间的相关关系。

1. 散点图

散点图（Scatter Diagram）又称为散点分布图，是以一个特征为横坐标，以另一个特征为纵坐标，利用坐标点（散点）的分布形态反映特征间的统计关系的一种图形。值通过点

在图表中的位置表示，类别通过图表中的不同标记表示，通常用于比较跨类别的数据。

散点图可以提供以下两类关键信息。

（1）特征之间是否存在数值或者数量的关联趋势，若有关联趋势，则判断是线性的还是非线性的。

（2）如果有某一个点或者某几个点偏离大多数点，则这些点就是离群值，通过散点图可以一目了然，从而可以进一步分析这些离群值是否在建模分析中产生很大的影响。

散点图通过散点的疏密程度和变化趋势表示两个特征的数量关系。不仅如此，如果有3个特征，且其中一个特征为类别型，那么散点图可改变不同特征的点的形状或者颜色，展示两个数值型特征和这个类别型之间的关系。

在 R 语言中，绘制散点图的函数是 plot 函数，其格式如下。

```
plot(x, y, ...)
```

plot 函数的常用参数及其描述如表 5-7 所示。

表 5-7　plot 函数的常用参数描述

参数名称	参数描述
x, y	接收类似向量类型的一维数据，表示 x 轴和 y 轴对应的数据，无默认值

通过 plot 函数的参数可以直接输入数值型的数据框。如果数据框是二维数据，那么 plot 函数默认以第 1 列为横坐标，以第 2 列数据为纵坐标。

绘制 cars 数据集的速度与刹车距离的散点图，如代码 5-5 所示。

代码 5-5　cars 数据集的速度与刹车距离的散点图

```
> plot(cars[, 1], cars[, 2])
> # plot(cars)
```

绘制出来的散点图如图 5-6 所示，可以看到，随着汽车行驶速度的增加，刹车距离也在不断增加。

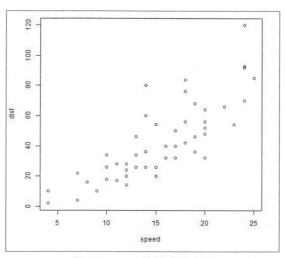

图 5-6　cars 数据集散点图

2．散点矩阵图

如果数据框是多维数据，那么 plot 函数将绘制数据字段两两之间的散点图，并组合成为散点矩阵图（Matrix of Scatter Plots）。散点矩阵图将多个散点图组合起来，以便可以同时浏览多个二元变量关系，一定程度上克服了在平面上展示高维数据分布情况的困难。

以 iris 数据集为例绘制散点矩阵图，示例如代码 5-6 所示。因为 iris 数据集的 Species 列属于因子型数据（主要用于分组），没有绘制散点图的必要性，所以在绘制散点矩阵图时将 Species 列进行剔除。

代码 5-6　绘制散点矩阵图

```
> plot(iris[, 1:4])
```

代码 5-6 绘制出来的散点矩阵图如图 5-7 所示，可以看到鸢尾花的 4 个属性中，花瓣长度（Petal.Length）与花瓣宽度（Petal.Width）有明显的线性关系，其余属性之间的关系不是很明显，需要进一步处理数据。

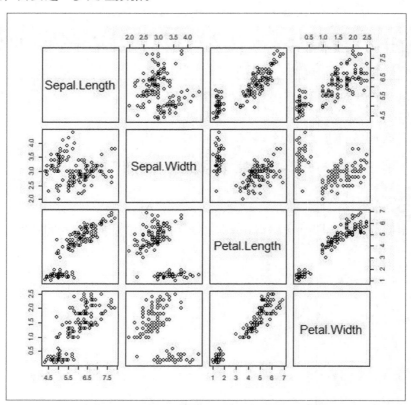

图 5-7　iris 数据集的散点矩阵图（plot 函数绘制）

此外，R 还提供了另一个绘制散点矩阵图的函数——pairs 函数，其绘图对象有数据框和公式两种，格式如下。

```
pairs(x, labels, panel = points, ...)
pairs(formula, data = NULL, ..., subset, na.action = stats::na.pass)
```

pairs 函数的常用参数及其描述如表 5-8 所示。

表 5-8　pairs 函数的常用参数描述

参数名称	参数描述
x	数值型的矩阵或者数据框，作为散点的坐标。逻辑型和因子型会自动转换为数值型数据
formula	公式，形式如~ x + y + z，其中 x、y、z 是数据框的列名，作为散点矩阵图的坐标，其对应的列必须是数值型数据
data	提供 formula 数据的数据框
labels	变量的名称
panel	面板数据的展示方式，默认为 points（散点）
subset	一个可选的向量，指定用于绘制图形的数据子集
na.action	对缺失值的处理方式，默认为跳过缺失值

同样以 iris 数据集为例，用 pairs 函数绘制散点矩阵图，如代码 5-7 所示。所得图形与 plot 函数绘制的图形一致，如图 5-8 所示。

代码 5-7　用 pairs 函数绘制散点矩阵图

```
> pairs(iris[, 1:4])
> pairs(~Sepal.Length + Sepal.Width + Petal.Length + Petal.Width,
+    data = iris)  # 效果同上
```

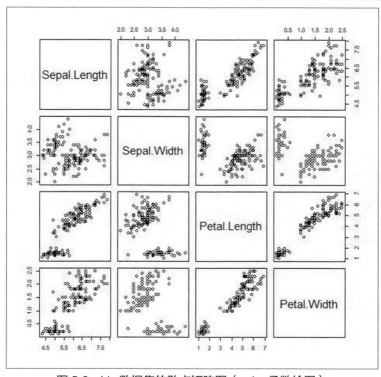

图 5-8　iris 数据集的散点矩阵图（pairs 函数绘图）

3. 多变量相关矩阵图

多变量相关矩阵图是相关系数矩阵（Correlation Matrix）的可视化结果，显示了两两变量间的关系，对数据维度相对较大的数据有较好的展示效果。

在 R 的 corrgram 包中，corrgram 函数可绘制多变量相关矩阵图，格式如下。

```
corrgram(x, order = FALSE, lower.panel = panel.pie, upper.panel = panel.pie,
text.panel = panel.txt, diag.panel = panel.minmax,...)
```

corrgram 函数的常用参数及其描述如表 5-9 所示。

表 5-9　corrgram 函数的常用参数描述

参数名称	参数描述
x	每行作为一个观测值的数据框或者相关系数矩阵
order	变量排序：默认为 FALSE，相关矩阵按数据框名对变量排序；当 order 为 TRUE 时，相关矩阵将使用主成分分析法对变量重新排序，这将使得二元变量的关系模式更为明显
lower.panel	主对角线下方的元素类型：取值为 panel.pie 时，用饼图的填充比例来表示相关性大小；取值为 panel.shade 时，用阴影的深度来表示相关性大小；取值为 panel.ellipse 时，绘制置信椭圆和平滑拟合曲线；取值为 panel.pts 时，绘制散点图；取值为 panel.conf 时，绘制置信区间；取值为 panel.cor 时，绘制相关系数
upper.panel	主对角线上方的元素类型，取值同上
text.panel	取值为 panel.txt 时输出的变量名字
diag.panel	控制着主对角线元素类型

mtcars 数据集是 1974 年 *Motor Trend US* 杂志公布的 32 辆车的 11 个数据，包括燃料消耗和 10 个关于汽车设计与性能的数据。为了展示相关矩阵图的元素类型，绘制了使用 3 种不同元素描述相关性大小的图，如代码 5-8 所示。

代码 5-8　多变量相关矩阵图

```
> library(corrgram)
> # 相关图，主对角线上方绘制置信椭圆和平滑拟合曲线，主对角线下方绘制阴影
> corrgram(mtcars, order=TRUE, upper.panel=panel.ellipse,
+ main="Correlogram of mtcars intercorrelations")
# 相关图，主对角线上方绘制散点图，主对角线下方绘制饼图
> corrgram(mtcars, order=TRUE, upper.panel=panel.pts, lower.panel=panel.pie,
+ main="Correlogram of mtcars intercorrelations")
# 相关图，主对角线上方绘制置信区间，主对角线下方绘制相关系数
> corrgram(mtcars, order=TRUE, upper.panel=panel.conf, lower.panel=panel.cor,
+ main="Correlogram of mtcars intercorrelations")
```

代码 5-8 绘制出来的多变量相关矩阵图如图 5-9 ~ 图 5-11 所示，可以看到 disp 与 cyl 呈正相关关系，且相关程度较高。此外，mpg 与 wt 呈高度负相关关系，且 am 与 carb 基本没有关系。

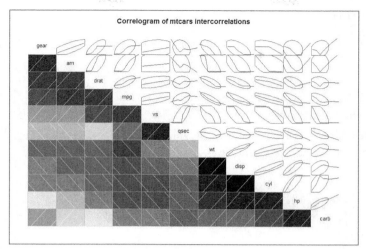

图 5-9 多变量相关矩阵图（1）

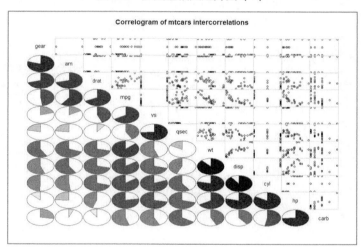

图 5-10 多变量相关矩阵图（2）

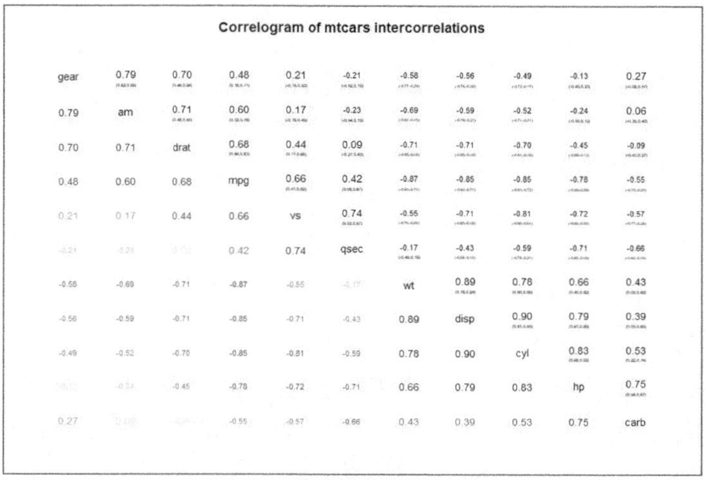

gear	0.79	0.70	0.48	0.21	-0.21	-0.58	-0.56	-0.49	-0.13	0.27
0.79	am	0.71	0.60	0.17	-0.23	-0.69	-0.59	-0.52	-0.24	0.06
0.70	0.71	drat	0.68	0.44	0.09	-0.71	-0.71	-0.70	-0.45	-0.09
0.48	0.60	0.68	mpg	0.66	0.42	-0.87	-0.85	-0.85	-0.78	-0.55
0.21	0.17	0.44	0.66	vs	0.74	-0.55	-0.71	-0.81	-0.72	-0.57
-0.21	-0.23		0.42	0.74	qsec	-0.17	-0.43	-0.59	-0.71	-0.66
-0.58	-0.69	-0.71	-0.87	-0.55		wt	0.89	0.78	0.66	0.43
-0.56	-0.59	-0.71	-0.85	-0.71	-0.43	0.89	disp	0.90	0.79	0.39
-0.49	-0.52	-0.70	-0.85	-0.81	-0.59	0.78	0.90	cyl	0.83	0.53
		-0.45	-0.78	-0.72	-0.71	0.66	0.79	0.83	hp	0.75
0.27			-0.55	-0.57	-0.66	0.43	0.39	0.53	0.75	carb

图 5-11 多变量相关矩阵图（3）

5.1.3　绘制其他图形

在 R 里，除了 5.1.1 小节和 5.1.2 小节介绍的绘图函数外，还有以下绘图函数是比较常用的。

1. 核密度图

sm 包中的 sm.density.compare 函数用于绘制核密度图。核密度图使用一条密度曲线而不是柱状来展示连续型变量的分布。相比直方图，核密度图的一个优势是可以堆放，可用于比较组间差异。sm.density.compare 函数可以直接堆放多条密度曲线。

（1）格式

```
sm.density.compare(x, group,...)
```

其中，x 是数值向量；group 是分组向量，是因子型数据。

（2）示例代码

以 mtcars 数据集 wt 为例绘制核密度图，如代码 5-9 所示。

代码 5-9　绘制核密度图

```
> library(sm)          # 加载 sm 包
> sm.density.compare(mtcars$wt, factor(mtcars$cyl))      # 绘制核密度图
```

（3）图形

运行代码 5-9，所绘制的核密度图如图 5-12 所示。

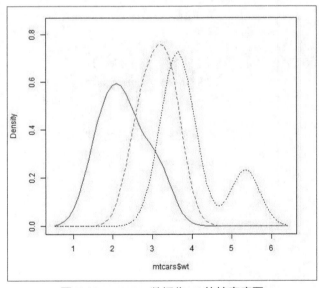

图 5-12　mtcars 数据集 wt 的核密度图

2. 小提琴图

vioplot 包中的 vioplot 函数用于绘制小提琴图。小提琴图是核密度图与箱线图的结合，本质是利用密度值生成的多边形，但该多边形同时还沿着一条直线做了另一半对称的"镜像"。这样两个左右或上下对称的多边形拼起来就形成了小提琴图的主体部分，最后一个箱线图也会被添加在小提琴的中轴线上。

（1）格式

```
vioplot(x,..., range=1.5, col="magenta", h, ylim, names, horizontal=FALSE,...)
```

其中，x 为数据源，可以是向量；range 默认等于 1.5；col 是为每幅小提琴图指定颜色的向量。

（2）示例代码

为 mtcars 数据集 wt 绘制小提琴图，如代码 5-10 所示。

代码 5-10　绘制小提琴图

```
> library(vioplot)        # 加载vioplot包
> attach(mtcars)
> par(mfrow = c(2, 1))
> vioplot(wt[cyl==4], wt[cyl==6], wt[cyl==8], border="black",
+       col = "light green",
+       rectCol = "blue", horizontal = TRUE)   # 绘制小提琴图
> title(main = '小提琴图')  # 添加标题
> boxplot(wt~cyl, main = '箱线图', horizontal=TRUE, pars=list(boxwex=0.1),
+         border="blue")  # 绘制箱线图
> par(mfrow = c(1, 1))
```

（3）图形

运行代码 5-10，所得到的小提琴图如图 5-13 所示。

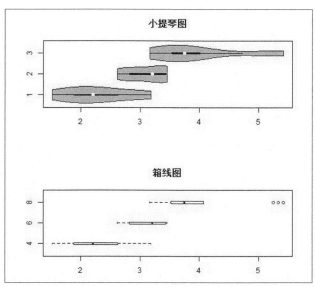

图 5-13　mtcars 数据集 wt 的小提琴图

3. QQ 图

qqplot 函数用于绘制 QQ 图。QQ 图用于检查数据是否服从某种分布。QQ 图的原理是，如果一批数据服从某种理论分布，则其经验分布和理论分布存在一致性。将排序后的数据和理论分布的分位数进行比较，若两者大致相等，则说明经验分布和理论分布相似。

（1）格式

```
qqplot(x, y,...); qqnorm(y,...);qqline(y)
```

其中，x、y 均为数据源，可以是向量。

（2）示例代码

以 mtcars 数据集 wt 为例绘制 QQ 图的示例如代码 5-11 所示。

代码 5-11　绘制 QQ 图

```
> qqnorm(wt)        # 正态分布 QQ 图
> qqline(wt)         # QQ 线
> qqplot(qt(ppoints(length(wt)), df = 5), wt,xlab = "Theoretical Quantiles",
+     ylab = "Sample Quantiles", main = "Q-Q plot for t dsn")    # t 分布 QQ 图
> qqline(wt)         # QQ 线
```

（3）图形

运行代码 5-11，所得到的 QQ 图如图 5-14 所示。

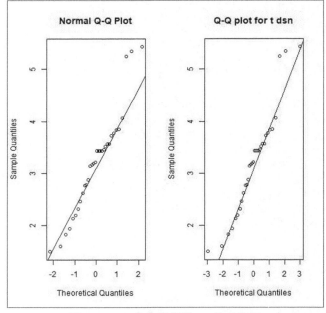

图 5-14　mtcars 数据集 wt 的 QQ 图

4. 星状图

stars 函数用于绘制星状图。星状图用线段距离中心的长度来表示变量值的大小，可展示多变量个体，每个变量的图形相互独立，整幅图形看起来就像很多星星。

（1）格式

```
stars(x,full=TRUE,scale=TRUE,radius=TRUE,labels=dimnames(x)[[1]],locations=
NULL,flip.labels=NULL,draw.segments=FALSE,col.segments=1:n.seg,col.stars=NA,
frame.plot=axes,...)
```

常用参数的描述如表 5-10 所示。

表 5-10   stars 函数的常用参数描述

参数	参数描述
x	一个多维数据矩阵或数据框，每一行数据将生成一个星形
full	逻辑值，决定了是否使用整圆（或半圆），默认为 TRUE
scale	是否将数据标准化到区间 [0,1] 内，默认为 TRUE
radius	是否画出半径，默认为 TRUE
labels	每个个体的名称，默认为数据的行名
locations	以一个两列的矩形给出每个星形的放置位置，默认放在一个规则的矩形网格上。若提供给该参数一个长度为 2 的向量，那么所有的星形都将被放在该坐标上，从而形成蛛网图或雷达图
flip.labels	每个星形底部的名称是否互相上下错位，以免名称太长导致文本之间互相重叠
draw.segments	是否绘制线段图，即每个变量以一个扇形表示，默认为 FALSE
col.segments	每个扇形区域的颜色（当 draw.segments 为 FALSE 时无效）
col.stars	设定每个星形的颜色（当 draw.segments 为 FALSE 时无效）
frame.plot	是否画整个图形的边框

（2）示例代码

以 mtcars 数据集 wt 为例绘制星状图的示例如代码 5-12 所示。

代码 5-12   绘制星状图

```
> stars(mtcars, draw.segments = TRUE)
```

（3）图形

运行代码 5-12，所得到的星状图如图 5-15 所示。

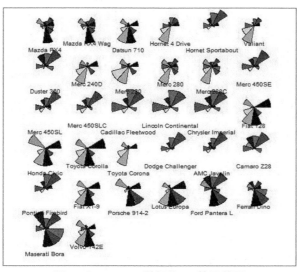

图 5-15   mtcars 数据集 wt 的星状图

5. 等高图

contour 函数用于绘制等高图。等高图所展示数据的形式是两个数值向量 x、y 和一个相应的矩阵 z，其中，x、y 交叉组合之后形成的是一个"网格"，而 z 是这个网格上的高度数值，将平面上对应的 z 值（高度）相等的点连接起来形成的线就是等高线。对 x、y 进行核密度估计，得到一个密度值矩阵，然后用 x、y 及这个密度值矩阵绘制等高图。由于密度值反映的是某个位置上数据的密集程度，所以等高图就展示了一个聚类现象。

（1）格式

```
contour(x=seq(0,1,length.out=nrow(z)),y=seq(0,1,length.out=ncol(z)),z,
nlevels=10,levels=pretty(zlim,nlevels),labels=NULL,method= "flattest",...)
```

常用参数的描述如表 5-11 所示。

表 5-11　contour 函数的常用参数描述

参数	参数描述
x、y	数值向量，组合成网格
z	数值向量，网格上的高度数值
nlevels	等高线的条数，可调整等高线的疏密
levels	一系列等高线的 z 值，只有这些值或者这些值附近的点才会被连起来
labels	等高线上的标记字符串，默认是高度的数值
method	设定等高线的画法，有 3 种取值：simple（在等高线的末端加标签，标签与等高线重叠）、edge（在等高线的末端加标签，标签嵌在等高线内）、flattest（在等高线最平缓的地方加标签，标签嵌在等高线内）

（2）示例代码

以 mtcars 数据集 wt 与 mpg 为例绘制等高图，如代码 5-13 所示。

代码 5-13　绘制等高图

```
> library(KernSmooth)  # 计算二维核密度的包
> mtcars1 = data.frame(wt, mpg)
> est = bkde2D(mtcars1, apply(mtcars1, 2, dpik))     # 计算二维核密度
> contour(est$x1, est$x2, est$fhat, nlevels = 15, col = "darkgreen", xlab = "wt",
+         ylab = "mpg")  # 画等高图
> points(mtcars1)  # 添加散点
```

（3）图形

运行代码 5-13，所得到的等高图如图 5-16 所示。

5.2　修改图形参数

R 语言是一个功能强大的图形构建平台，允许逐条输入语句来构建图形元素（颜色、点、线、文本及图例等），逐渐完善图形特征，直至得到想要的效果。图形元素的显示可以用图形函数和绘图参数来调整，也可以使用绘制图形元素的基础函数来控制。

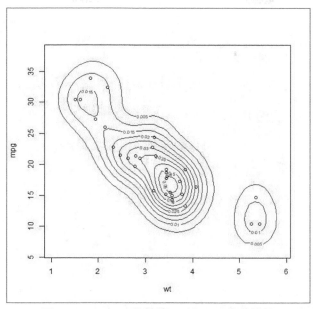

图 5-16 mtcars 数据集 wt 与 mpg 的等高图

5.2.1 修改颜色

R 语言通过设置绘图参数 col 来改变图像、坐标轴、文字、点、线等的颜色。关于颜色的函数大致分为 3 类：固定颜色选择函数、颜色生成和转换函数，以及特定颜色主题调色板。

1. 固定颜色选择函数

R 语言提供了固定种类的颜色，主要涉及的是 colors 函数。该函数可以生成 657 种颜色名称，代表 657 种颜色。可以通过代码 5-14 查看 R 所提供颜色的前 20 种颜色的名称。

代码 5-14 查看 R 所提供颜色的前 20 种颜色

```
> colors()[1:20]  # 查看前 20 种颜色
 [1] "white"          "aliceblue"      "antiquewhite"   "antiquewhite1"
 [5] "antiquewhite2"  "antiquewhite3"  "antiquewhite4"  "aquamarine"
 [9] "aquamarine1"    "aquamarine2"    "aquamarine3"    "aquamarine4"
[13] "azure"          "azure1"         "azure2"         "azure3"
[17] "azure4"         "beige"          "bisque"         "bisque1"
```

代码 5-14 运行后，只能查看到颜色的名称。如果需要直观地显示颜色，那么可使用 col 参数将二者联系起来。设置 col 参数时，直接输入相关颜色的代表文字即可。通过代码 5-15 可以将 657 种颜色打印出来，打印效果如图 5-17 所示。

代码 5-15 打印 657 种颜色

```
> par(mfrow = c(length(colors())%/%60 + 1, 1))  # 画布分割
> par(mar=c(0.1,0.1,0.1,0.1), xaxs = "i", yaxs = "i")
> for(i in 1:(length(colors())%/%60 + 1)){
+   barplot(rep(1,60), col=colors()[((i-1)*60+1):(i*60)],
```

```
+      border = colors()[((i - 1)*60 + 1):(i*60)], axes=FALSE)
+    box()  # 加边框
+  }
```

图 5-17   colors 函数的颜色样式

此外，还可以通过 palette 函数固定调色板。只要设定好了调色板，它的取值就不会再改变（直到下一次重新设定调色板）。相关示例如代码 5-16 所示。

代码 5-16   用 palette 函数固定调色板

```
> palette()              # 返回当前的调色板设置，此时为默认值

[1] "black"   "red"    "green3"  "blue"   "cyan"   "magenta"  "yellow"  "gray"
> palette(colors()[1:10])   # 重新设置调色板为 colors 的前 10 种颜色
> palette()                 # 返回到当前的调色板设置，此时为 colors 的前 10 种颜色

 [1]   "white"            "aliceblue"        "antiquewhite"      "antiquewhite1"
"antiquewhite2"  "antiquewhite3"
 [7] "antiquewhite4"    "aquamarine"      "aquamarine"     "aquamarine2"
> palette('default')          # 恢复默认的调色板设置
```

调色板的好处在于，设置绘图函数的 col 参数时，可以直接用一个整数来表示颜色。这个整数对应的颜色就是调色板中相应位置的颜色。若整数值超过了调色板颜色向量的长度，那么 R 会自动取该整数除以调色板颜色向量长度的余数，即在绘图函数中，col=i 等价于 col=palette()[i]。

以 iris 数据集为例，使用 plot 函数绘制 Sepal.Length 与 Sepal.Width 的散点图时，可以在不同的 Species 使用不同的颜色绘制散点，以便区分种类。相关示例如代码 5-17 所示，所得图形如图 5-18 所示。

代码 5-17   使用不同颜色绘制散点

```
> # Species 为因子型数据，setosa versicolor virginica 分别对应数字 1、2、3，
> # 即等价于 col = rep(1:3, each = 50)
> plot(iris$Sepal.Length, iris$Sepal.Width, col = iris$Species)
> plot(iris$Sepal.Length, iris$Sepal.Width, col = rep(palette()[1:3],
+ each = 50))  # 效果同上
```

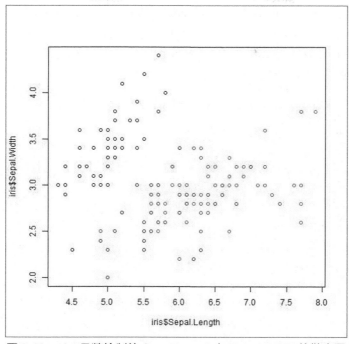

图 5-18　plot 函数绘制的 Sepal.Length 与 Sepal.Width 的散点图

2. 渐变色生成函数

除了固定颜色选择函数外，R 还提供了一系列渐变颜色生成函数。这些函数用来控制颜色值逐渐变化，其中，主要的渐变色生成函数如表 5-12 所示。

表 5-12　主要的渐变色生成函数

函数名称	生成原理	格式
rgb	RGB 模型（红、绿、蓝混合）	rgb(red,green,blue,alpha,names=NULL,max=1)
rainbow	彩虹色（赤、橙、黄、绿、青、蓝、紫）	rainbow(n,s=1,v=1,start=0,end=max(1,n-1)/n,gamma=1)
heat.coclor	高温、白热化（红、黄、白）	同 rainbow 函数
terrain.colors	地理地形（绿、黄、棕、白）	同 rainbow 函数
topo.colors	蓝、青、黄、棕	同 rainbow 函数
cm.colors	青、白、粉、红	同 rainbow 函数
brewer.pal	RColorBrewer 包提供的 3 套配色方案	col=brewer.pal(n,"颜色组* ")) "颜色组*"表示 3 类配色方案的颜色组名称

rgb 函数把 RGB 颜色转换为十六进制数值，前 4 个参数都取值于区间[0, max]。其中，names 参数用来指定生成颜色向量的名称；red、green、blue 参数的值越大就说明该颜色的成分越高；alpha 指的是颜色的透明度，取 0 表示完全透明，取最大值表示完全不透明（默认完全不透明）。

rainbow 函数、heat.coclor 函数、terrain.colors 函数、topo.colors 函数、cm.colors 函数是主题配色函数。rainbow 函数中的参数 n 为产生颜色的数目；start 和 end 为设定彩虹颜色的子集，生成的颜色将从这个子集中选取。rgb 函数及其他主题调色板的颜色样式如代码 5-18 所示，颜色样式效果如图 5-19 所示。

代码 5-18　rgb 函数及其他主题调色板的颜色样式

```
> rgb <- rgb(red=255,green=1:255,blue=0,max=255)
> par(mfrow=c(6,1))
> par(mar=c(0.1,0.1,2,0.1), xaxs="i", yaxs="i")
> barplot(rep(1,255),col= rgb,border=rgb,main="rgb")
> barplot(rep(1,100),col=rainbow(100),border=rainbow(100),
+ main="rainbow(100))")
> barplot(rep(1,100),col=heat.colors(100),border=heat.colors(100),
+ main="heat.colors(100))")
> barplot(rep(1,100),col=terrain.colors(100),border=terrain.colors(100),
+ main="terrain.colors(100))")
> barplot(rep(1,100),col=topo.colors(100),border=topo.colors(100),
+ main="topo.colors(100))")
> barplot(rep(1,100),col=cm.colors(100),border=cm.colors(100),
+ main="cm.colors(100))")
```

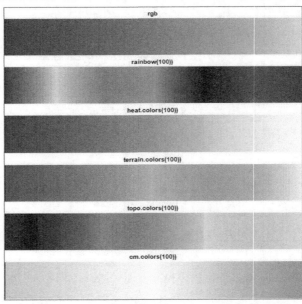

图 5-19　rgb 函数及其他主题调色板的颜色样式效果

3. RColorBrewer 包

RColorBrewer 包提供了 3 套配色方案，分别为连续型、极端型及离散型。

（1）连续型（Sequential）指生成一系列连续渐变的颜色，通常用来标记连续型数值的大小。该类型共 18 组颜色，每组有 9 个渐变颜色。

（2）极端型（Diverging）指生成用深色强调两端、浅色标示中部的系列颜色，可用来标记数据中的离群点。该类型共 9 组颜色，每组有 11 个渐变颜色。

（3）离散型（Qualitative）指生成一系列差异比较明显的颜色，通常用来标记分类数据。该类型共 8 组颜色，每组渐变颜色数不同。

运行代码 5-19，可得到 RColorBrewer 包的 3 种类型的颜色展示图，如图 5-20 所示。

代码 5-19　RColorBrewer 包的 3 种类型的颜色展示

```
> par(mfrow = c(1,3))
> library(RColorBrewer)
> par(mar=c(0.1,3,0.1,0.1))
> display.brewer.all(type="seq")
> display.brewer.all(type="div")
> display.brewer.all(type="qual")
```

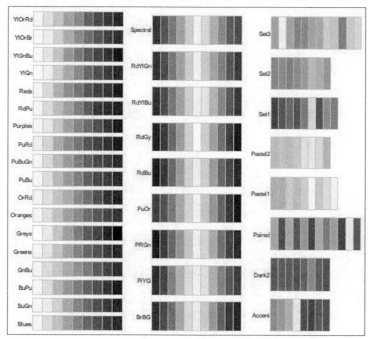

图 5-20　RColorBrewer 包的 3 种类型的颜色展示图

渐变色生成函数及 RColorBrewer 包在实际绘图中的具体用法如代码 5-20 所示，所得图形如图 5-21 所示。

代码 5-20　渐变色生成函数及 RColorBrewer 包的用法

```
> # 左图
> library(RColorBrewer)
> my_col <- brewer.pal(3, 'RdYlGn') # brewer.pal(n, name) ，其中，n 为颜色的数量
> # name 表示颜色组的名称
```

```
> plot(iris$Sepal.Length, iris$Sepal.Width, col = rep(my_col, each =50))
> # 右图
> plot(iris$Sepal.Length, iris$Sepal.Width, col = rep(rainbow(3), each = 50))
```

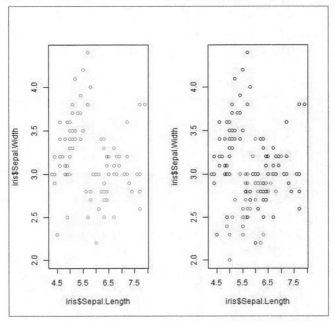

图 5-21　RColorBrewer 包及 rainbow 函数绘制颜色的散点图

5.2.2　修改点符号与线条

1．点样式

绘制散点图时，可以通过自定义点的样式来标注特殊点，或者区别不同类别的点。在绘图函数中，常用的点符号的相关参数描述如表 5-13 所示。

表 5-13　常用的点符号参数描述

参数	描　述
pch	点的样式，取整数 0～25 或字符 "*"、"、""."、"o" "O" "0" "+" "-" "|" 等
cex	点的大小：若为 1（默认），则表示不缩放；若小于 1，则表示缩放；若大于 1，则表示放大
col	点边框填充的颜色
bg	点内部填充的颜色，仅限 21～25 样式的点
font	字体设置：若为 1（默认），则为正常字体；若为 2，则表示粗体；若为 3，则表示斜体；若为 4，则表示粗斜体
lwd	点边框的宽度，若为 1（默认），则表示正常宽度；若小于 1，则表示缩放；若大于 1，则表示放大

在 R 中，可以通过 points 函数在画布上添加点，设置的参数一般包括点样式（pch）、颜色（col）、大小（缩放倍数 cex）等，其格式如下。

```
points(x, y = NULL, pch = 0, cex = 1, bg = par("bg"), ...)
```

其中，x、y 为横纵坐标的具体位置。

运行代码 5-21 可展示点的所有样式，所得的图形如图 5-22 所示。

代码 5-21　展示点的所有样式

```
> #绘制空白画布
> plot(1,col="white",xlim=c(1,8),ylim=c(1,7))
> symbol=c("*","、",".","o","O","0","+","-","|")
> #创建循环添加点
> for(i in c(0:34)){
+    x<-(i %/% 5)*1+1
+    y<-6-(i%%5)
+    if(i>25){
+        points(x,y,pch=symbol[i-25],cex=1.3)
+        text(x+0.5,y+0.1,labels=paste("pch=",symbol[i-25]),cex=0.8)
+    }else{
+        if(sum(c(21:25)==i)>0){
+            points(x,y,pch=i,bg="red",cex=1.3)  #
+        } else {
+            points(x,y,pch=i,cex=1.3)
+        }
+        text(x+0.5,y+0.1,labels=paste("pch=",i),cex=0.8)
+    }
+ }
```

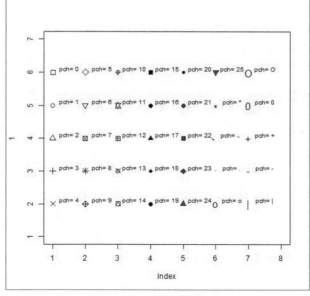

图 5-22　点样式展示图

在绘制 iris 数据集的散点图时，可以使用不同的点样式来区别不同类别的鸢尾花数据。比如运行代码 5-22，所得到的散点图如图 5-23 所示。

代码 5-22　用不同的点样式绘制散点图

```
> plot(iris$Sepal.Length, iris$Sepal.Width, pch = rep(1:3, each = 50))
```

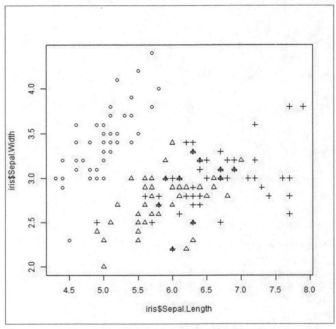

图 5-23　用不同的点样式绘制的散点图

2. 线条样式

R 语言提供了绘制不同类别的线条的多种函数，主要有 lines 函数，用于绘制曲线；abline 函数，用于绘制直线；segments 函数，用于绘制线段；arrows 函数，用于为线段加上箭头；grid 函数，用于绘制网格线。相关说明如表 5-14 所示。

表 5-14　线条绘图函数的相关说明

函数	说　明	格　式
lines	在画布中添加曲线，可以设置的参数包括线条样式（lty）、颜色（col）、粗细（lwd）等	lines(x, lty = par("lty"), lwd = par("lwd"),...)
abline	在画布中添加参考线，可以设置的参数包括直线的截距（a）、直线的斜率（b）、水平线的纵轴值（h）、垂直线的横轴值（v）等	abline(a = NULL, b = NULL, h = NULL, v = NULL, reg = NULL, lty = par("lty"), lwd = par("lwd"),...)
segments	两点之间绘制线段，绘制对象是两端点的坐标	segments(x0, y0, x1 = x0, y1 = y0, col = par("fg"), lty =par("lty"), lwd = par("lwd"), ...)

续表

函数	说　明	格　式
arrows	为线段端点加上箭头，箭头与线段之间的夹角（angle）可调	arrows(x0, y0, x1 = x0, y1 = y0, length = 0.25, angle = 30, code = 2, col = par("fg"), lty = par("lty"), lwd = par("lwd"),...)
grid	在绘图的基础上添加网格线，有多个参数。其中，ny 为设置水平网格的数目；nx 用于设置垂直网格的数目；equilogs 用于确定坐标取了对数之后，是否仍使用等距的网格线	grid(nx = NULL, ny = nx, col = "lightgray", lty = "dotted", lwd = par("lwd"), equilogs = TRUE)
rug	在绘图的基础上添加坐标轴须（"须"即短竖线）来标示出相应坐标轴上的变量数值的具体位置，坐标轴须的分布意味着该变量的分布，有多个参数。其中，x 为坐标轴须的位置；ticksize 为坐标轴须的长度；side 为坐标轴须的位置，取 1 时为 x 轴，取 2 时为 y 轴	rug(x, ticksize = 0.03, side = 1, col = par("fg"), lwd = 0.5, ...)

绘图函数中常用的线条参数描述如表 5-15 所示。

表 5-15　常用的线条参数描述

参数	描　述
lty	线条样式：若为 0，则表示不画线；若为 1，则表示实线；若为 2，则表示虚线；若为 3，则表示点线
lwd	线条粗细：若为 1（默认），则表示正常宽度；若小于 1，则表示缩放；若大于 1，表示放大

可通过代码 5-23 展示线条绘制函数的效果，得到的图形如图 5-24 所示。

代码 5-23　线条绘制函数

```
> par(mfrow = c(2, 3))
> # 图一：线的样式
> data<-matrix(rep(rep(1:7),10),ncol=10,nrow=7)
> plot(data[1,],type="l",lty=0,ylim=c(1,8),xlim=c(-1,10),axes=F,
+     main = '线的样式')
> text(0,1,labels="lty=0")
> for(i in c(2:7)){
+   lines(data[i,],lty=i-1)
+   text(0,i,labels=paste("lty=",i-1))
+ }
> # 图二：线的宽度
> data<-matrix(rep(rep(1:6),10),ncol=10,nrow=6)
> plot(data[1,],type="l",lwd=0.5,ylim=c(1,8),xlim=c(-1,10),axes=F,
+     main = '线的宽度')
```

```
> text(0,1,labels="lwd=0.5")
> lines(data[2,],type="l",lwd=0.8);text(0,2,labels="lwd=0.8")
> lines(data[3,],type="l",lwd=1);text(0,3,labels="lwd=1")
> lines(data[4,],type="l",lwd=1.5);text(0,4,labels="lwd=1.5")
> lines(data[5,],type="l",lwd=2);text(0,5,labels="lwd=2")
> lines(data[6,],type="l",lwd=4);text(0,6,labels="lwd=4")
> # 图三: 添加参考线
> plot(c(0:10),col="white", main = '添加参考线')    # 绘制空白画布
> abline(h=c(2,6,8))   # 添加水平线
> abline(v=seq(2,10,2),lty=2,col="blue")   # 添加垂直线
> abline(a=2,b=1)   # 添加直线 y=2+x
> # 图四: 添加线段和箭头
> plot(c(0:10), col = "white", main = '添加线段和箭头')
> segments(2,1,4,8)
> arrows(4,0,7,3,angle=30)
> arrows(4,2,7,5,angle=60)
> # 图五: 添加网格线
> plot(c(0:10), col = "white", main = '添加网格线')         # 绘制空白画布
> grid(nx=4,ny=8,lwd=1,lty=2,col="blue")   # 添加网格线
> # 图六: 绘制坐标轴须
> set.seed(123)         # 种子
> x = rnorm(500)         # 生成 500 个标准正态分布的数据
> plot(density(x), main = '绘制坐标轴须')         # 绘制核密度曲线
> rug(x ,col="blue")             # 添加坐标轴须
```

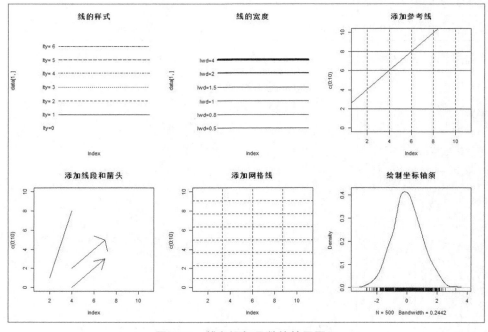

图 5-24　线条添加函数的效果展示

以 mtcars 数据集为例来展示实际绘图过程中线条的应用，如代码 5-24 所示，绘制的图形如图 5-25 所示。

代码 5-24　线条在实际绘图过程中的应用

```
> attach(mtcars)
> smpg=(mpg-min(mpg))/(max(mpg)-min(mpg))
> plot(wt,smpg,ylab="standardized mpg")
> # 添加核密度曲线图
> lines(density(wt),col="red")
> # 指向密度曲线的箭头
> arrows(1.8,0.05,1.5,0.1,angle=10,cex=0.5)
> text(2,0.05,"核密度曲线",cex=0.6)
> # 添加回归线
> abline(lm(smpg~wt),lty=2,col="green")
> # 指向回归直线的箭头
> arrows(2,0.5,2,0.7,angle=10,cex=0.5)
> text(2,0.45,"回归线",cex=0.6)
> # wt 与 mpg 反向线性相关，添加最大最小值线段以表现这种关系
> segments(min(wt),max(smpg),max(wt),min(smpg),lty=3,col="blue")
> # 指向最大最小值线段的箭头
> arrows(3,0.8,2.5,0.76,angle=10,cex=0.5)
> text(3.3,0.8,"最大最小值线段",cex=0.6)
> # 添加网格线作为背景
> grid(nx=4,ny=5,lty=2,col="grey")
```

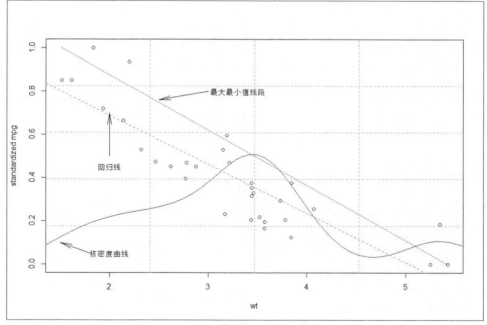

图 5-25　mtcars 数据集添加线条的效果展示

5.2.3　修改文本属性

常用的文本属性参数描述如表 5-16 所示。

表 5-16　常用的文本属性参数描述

参数	描　　述
cex	字体大小：若为 1（默认），则表示不缩放；若小于 1，则表示缩放；若大于 1，则表示放大
col	字体颜色，选项为颜色名称，整数或十六进制数
font	字体样式：若为 1（默认），则为正常字体；若为 2，则表示粗体；若为 3，则表示斜体；若为 4，则表示粗斜体

title 函数、text 函数和 mtext 函数可以在打开的画布上添加文字元素。其中，title 函数可以在图形上添加标题元素，text 函数可以在图形中的任意位置添加文本，mtext 函数则是在图形的四条边上添加文本，相关说明如表 5-17 所示。

表 5-17　文本函数的相关说明

函数	说　　明	格　　式
title	添加标题元素，参数中的 main 表示主标题，sub 表示副标题，xlab 表示 x 轴标题，ylab 表示 y 轴标题，选项是一个列表 list(text,font=,col=,cex=,…)或者简单的 text。text 表示文本内容	title(main = NULL, sub = NULL, xlab = NULL, ylab = NULL, line = NA, outer = FALSE,...)
text	在图形中的任意位置添加文本，参数中的 x、y 用于确定标签位置，labels 表示文本内容	text(x, y = NULL, labels = seq_along(x), cex = 1, col = NULL, font = NULL,...)
mtext	在图形的四条边上添加文本，参数中的 text 与 text 函数中的 labels 参数一样，指文字的内容；side 取值为整数 1~4,4 个取值分别把周边文本添加在图形的下、左、上、右边；line 设置一个距离图形边缘的行数	mtext(text, side = 3, line=0, cex = NA, col = NA, font = NA, ...)

代码 5-25 为展示文本函数绘图效果的示例，所得到的图形如图 5-26 所示。

代码 5-25　文本函数绘图

```
> par(mfrow = c(2, 2))
> # 图一：图形添加标题
> plot(c(0:5),col="white",xlab="",ylab="")
> title(main=list("主标题",cex=1.5),sub=list("副标题",cex=1.2),
+      xlab="X 轴标题",ylab="Y 轴标题")
> # 图二：图形周边添加文本
> plot(c(0:5),col="white")
> mtext('side=1:下边',side=1,line=2)
> mtext('side=2:左边' ,side=2,line=2)
```

```
> mtext('side=3:上边',side=3)
> mtext('side=4:右边',side=4)
> # 图三:字体展示
> plot(c(0:5),col="white")
> text(2,4,labels="font=1:正常字体(默认)",font=1)
> text(3,3,labels="font=2:粗体字体",font=2)
> text(4,2,labels="font=3:斜体字体",font=3)
> text(5,1,labels="font=4:粗斜体字体",font=4)
> # 图四:字体大小展示
> plot(c(0:6),col="white",xlim=c(1,8))
> text(2,5,labels="cex=0.5:放大 0.5 倍",cex=0.5)
> text(3,4,labels="cex=0.8:放大 0.8 倍",cex=0.8)
> text(4,3,labels="cex=1(默认):正常大小",cex=1)
> text(5,2,labels="cex=1.2:放大 1.2 倍",cex=1.2)
> text(6,1,labels="cex=1.5:放大 1.5 倍",cex=1.5)
```

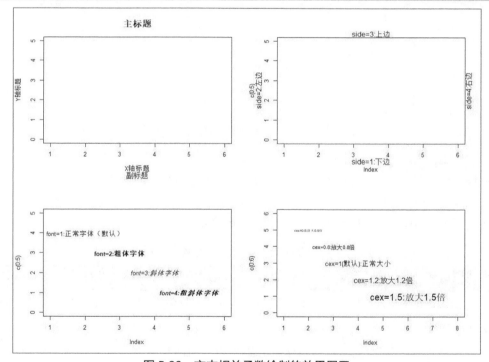

图 5-26　文本相关函数绘制的效果展示

以 mtcars 数据集为例,展示不同的文本函数在实际绘图中的应用,如代码 5-26 所示。

代码 5-26　不同的文本函数在实际绘图中的应用

```
> attach(mtcars)
> # 绘图,并修改 x、y 轴的标题
> plot(wt, mpg, xlab = "Weight (1000 lbs)", ylab = "Miles/(US) gallon")
```

```
> title(main=list("mtcars wt V.S. mpg", cex=1.5))   # 添加标题
> text(4.5, 34, labels = 'extracted from the 1974', cex = 1.5)   # 说明数据来源
> text(4.5, 32, labels = 'Motor Trend US', font = 3)   # 杂志名称
```

mtcars 数据集添加文本的效果如图 5-27 所示。

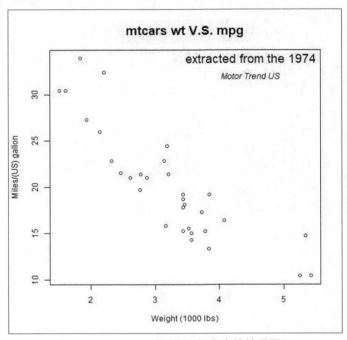

图 5-27　mtcars 数据集添加文本的效果展示

5.2.4　设置坐标轴

坐标轴的设置主要包括主坐标轴（x 轴和 y 轴）的范围和刻度标记，以及副坐标（右侧的纵坐标）的相关属性等。

在绘图函数中，设置坐标轴展示和范围的参数如表 5-18 所示。

表 5-18　绘图函数中用于设置坐标轴的参数

参数	描　　述
axes	逻辑参数。如果 axes=TRUE（默认），则显示坐标轴；如果 axes=FALSE，则隐藏坐标轴
xaxt/yaxt	坐标轴样式，默认值为 s，表示 x/y 轴以标准样式显示；若取值为 n，则表示隐藏 x/y 轴
xaxs/yaxs	坐标轴计算方式，默认值 r 表示把原始数据的范围向外扩大 4%，作为 x/y 轴范围；若取值为 1，则表示 x/y 轴范围为原始数据范围
xlim/ylim	坐标轴范围，设置为 c(from,to)，from 是 x/y 轴的首坐标，to 是尾坐标

除了使用 R 语言默认的坐标轴外，也可使用 axis 函数来创建自定义的坐标轴，格式如下。

```
axis(side, at = NULL, labels = TRUE, font.axis = 1, cex.axis = 1, col.axis = "red",
tick = TRUE, lty = "solid", lwd = 1, col = NULL, col.ticks = NULL, pos = NA, las
= 0, tck = -0.01...)
```

axis 函数的常用参数及其描述如表 5-19 所示。

表 5-19　axis 函数的常用参数描述

参数名称	参数描述
side	坐标轴所在的边，取值为 1、2、3、4，分别表示下、左、上、右
at	通过向量来设置坐标轴内各刻度标记的位置，at 参数要与 labels 向量一一对应
labels	一个向量字符，表示坐标轴各刻度的名称（刻度标记），labels 参数要与 at 向量一一对应
font.axis	刻度标记的字体，1（默认）表示正常字体，2 表示粗体，3 表示斜体，4 表示粗斜体
cex.axis	刻度标记的大小，1（默认）表示正常大小，小于 1 表示缩放，大于 1 表示放大
col.axis	刻度标记的颜色，对应颜色名称即可
tick	设置是否画出坐标轴：取值为 TRUE（默认）时，表示画出坐标轴；取值为 FALSE 时，不画出坐标轴，此时并不影响刻度标记 labels 的展示
lty	坐标轴的样式，tick=TRUE 时有效，若为 0，则表示不画线；若为 1，则表示实线；若为 2，则表示虚线；若为 3，则表示点线
lwd	坐标轴的宽度，tick=TRUE 时有效，若为 1（默认），则表示正常宽度；若小于 1，则表示缩放；若大于 1，则表示放大
col	坐标轴的颜色。tick=TRUE 时有效，令 col 等于对应颜色名称即可
col.ticks	坐标轴刻度线的颜色，令 col.ticks 等于对应颜色名称即可。 注意：col.ticks 是指与坐标轴垂直的小刻度线的颜色。其中，col 表示设置了除刻度标记（labels）以外的部分颜色，包括 col.ticks
pos	坐标轴线绘制位置的坐标与另一条坐标轴相交位置的值
las	标签是否平行于坐标轴，参数值为 0 时平行于坐标轴，参考值为 2 时垂直于坐标轴
tck	刻度线的长度，以相对于绘图区域大小的分数表示：负值表示在图形外侧；正值表示在图形内侧；0 表示禁用刻度；1 表示绘制网格线；默认值为 –0.01

使用 axis 函数绘图的示例如代码 5-27 所示，绘制的图如图 5-28 所示。

代码 5-27　使用 axis 函数绘图

```
> plot(c(1:12), col="white", xaxt="n", yaxt="n", ann = FALSE)
> axis(1, at=1:12, col.axis="red", labels=month.abb)
> axis(2, at=seq(1,12,length=10), col.axis="red", labels=1:10, las=2)
> axis(3, at=seq(1,12,length=7), col.axis="blue", cex.axis=0.7, tck=-0.01,
+    labels = c("Mon", "Tues", "Wed", "Thu", "Fri", "Sat", "Sun"))
> axis(4, at=seq(1,12,length=11), col.axis="blue", cex.axis=0.7, tck=-0.01,
+    labels=seq(0, 1, 0.1), las=2)
```

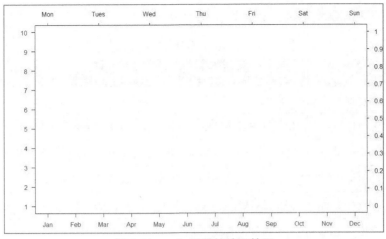

图 5-28 axis 函数的绘图效果

5.2.5 添加图例

当图形中包含的数据不止一组时，图例可以帮助辨别出每个条形、扇形区域或折线各代表哪一类数据。此时，可以使用 legend 函数来在画布中添加图例，对图形进行相应说明。

legend 函数的格式如下。

```
legend(x, y = NULL, legend, col = par("col"), lty, pch, bty = "o", bg = par("bg"),
ncol = 1, horiz=FALSE, xpd = FALSE, title = NULL,...)
```

legend 函数的常用参数及其描述如表 5-20 所示。

表 5-20　legend 函数的常用参数描述

参数名称	参数描述
x、y	设置图例的位置（默认左上角位置）。除使用 x 和 y 参数外，也可以使用字符 "bottomright" "bottom" "bottomleft" "left" "topleft" "top" "topright" "right" "center"
legend	一个字符向量，表示图例中的文字
horiz	图例的排列方式，取值为 FALSE（默认）时，图例垂直排列；取值为 TRUE 时，图例水平排列
ncol	图例的列数目，当 horiz=TRUE 时，该项无意义
pch	图例中点的样式，可取 0 ~ 25，其中，0 ~ 14 为空心点，15 ~ 25 为实心点；也可以直接通过 pch= "+" 的方式定义点的样式
lty	图例中线的样式：若取值为 0，则表示不画线；若取值为 1，则表示实线；若取值为 2，则表示虚线；若取值为 3，则表示点线
col	图例中点和线的颜色，令 col 等于对应颜色名称即可
bg	图例的背景颜色，令 bg 等于对应颜色名称即可，在 bty 参数为 "n" 时无效
bty	设置图例框的样式，取值为 "o"（默认）时表示显示边框，取值为 "n" 时表示无边框
xpd	是否在绘图区域外绘图。默认为 FALSE，即不允许在绘图区域外绘图
title	设定图例的标题

代码 5-28 为使用 legend 函数绘制图例位置的示例,所得到的图形如图 5-29 所示。

代码 5-28　使用 legend 函数绘制图例位置

```
> local=c("bottomright", "bottom", "bottomleft", "left", "topleft", "top",
+         "topright", "right", "center")
> par(mar = c(4,2,4,2), pty='m')
> plot(c(0:10), col = "white")
> legend(3, 8, "图例在(3,8)")
> legend(1, 13, "图例在(11,11)", xpd=T)
> for(i in 1:9){
+   legend(local[i], paste("图例在", local[i]))
+ }
```

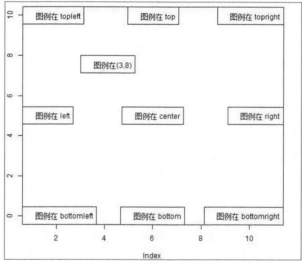

图 5-29　使用 legend 函数绘制的图例位置效果

以 iris 数据集中的 Sepal.Length 与 Sepal.Width 属性为例绘制散点图,并添加相关图形参数,如代码 5-29 所示,运行效果如图 5-30 所示。

代码 5-29　在散点图上添加并修改相关的图形参数

```
> plot(iris$Sepal.Length, iris$Sepal.Width, col = iris$Species,
+   main = list('鸢尾花的花萼长与宽的散点图', cex = 1.5),
+   xlab="花萼长度", ylab="花萼宽度")
> grid(nx=8, ny=5, lty=2, col="grey")  # 添加网格线
> legend('topright', c('setosa', 'versicolor', 'virginica'),
+        pch=1, col = 1:3)  # 添加图例
> lines(c(4.3, 6.5), c(2, 4.5), col ='blue')  # 添加直线
> arrows(6, 4 , 6.5 ,4, angle=10, cex=0.5)  # 添加箭头
> text(6.9, 4, "左上角全是 setosa", cex=0.8)  # 添加文字说明
```

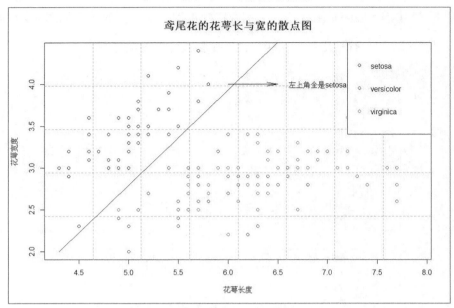

图 5-30　iris 数据集的绘图效果

5.3　绘制组合图形

在实际绘图中，常需要在同一画布上展示不同类型的图形，以进行对比说明。5.1.1 小节已经使用过 par 函数对画布进行划分，此外，R 语言中还可使用 layout 函数来组合多个图形。

5.3.1　par 函数

par 函数可以设置大多数绘图的全局参数。读者可通过输入 par 或 help(par)命令获得相关函数帮助。par 函数中常用的图形组合的相关参数如表 5-21 所示。

表 5-21　par 函数的常用图形组合相关参数

参　　数	描　　述
mfrow/mfcol	页面摆放，把一个页面平分成 *n* 份，表示行数和列数的二维向量。其中，mfrow 表示一行一行地从左到右绘图，mfcol 表示一列一列地从上到下绘图
mai/mar	图形边距，分为 mai（英寸边距）和 mar（行边距）。4 个边距的顺序是下、左、上、右
mgp	坐标轴位置，三维数值向量，以此为标题、刻度标签和刻度的位置
oma	外边界宽度；类似 mar，默认为 c(0, 0, 0, 0)

通过代码 5-30 展示 par 函数在图形组合上所能实现的效果，如图 5-31 ~ 图 5-34 所示。

代码 5-30　图形组合

```
> # 图一：将图形按 2 行 3 列摆放，参数 mfrow 分割页面
> mfrow1=par(mfrow=c(2,3))
> for(i in 1:6){
```

```
+   plot(c(1:i),main=paste("I'm image:",i))
+ }
> # 图二: mar 参数设置图形边距
> mar1 = par(mar=c(4,5,2,3))
> for(i in 1:6){
+   plot(c(1:i),main=paste("I'm image:",i))
+ }
> par(mar1)        # 去除 par 函数 mar 参数的设置 mar1
> # 图三: oma 参数设置外边界宽度
> oma1 = par(oma = c(4,5,2,3))
> for(i in 1:6){
+   plot(c(1:i),main=paste("I'm image:",i))
+ }
> par(oma1)        # 去除 par 函数 oma 参数的设置 oma1
> # 图四: mgp 参数控制坐标轴位置
> mgp1 = par(mgp = c(1,2,3))
> for(i in 1:6){
+   plot(c(1:i),main=paste("I'm image:",i))
+ }
> par(mgp1)        # 去除 par 函数 mgp 参数的设置 mgp1
> par(mfrow1)      # 去除 par 函数 mfrow 参数的设置 mfrow1
```

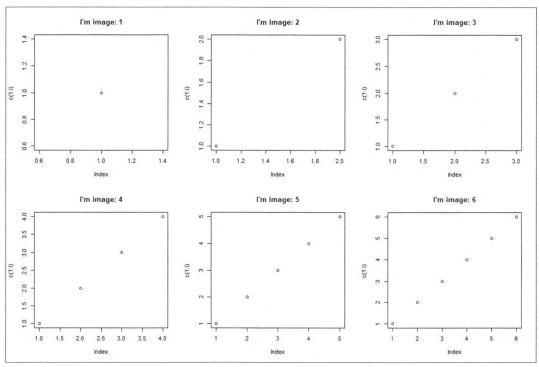

图 5-31 图形组合（1）

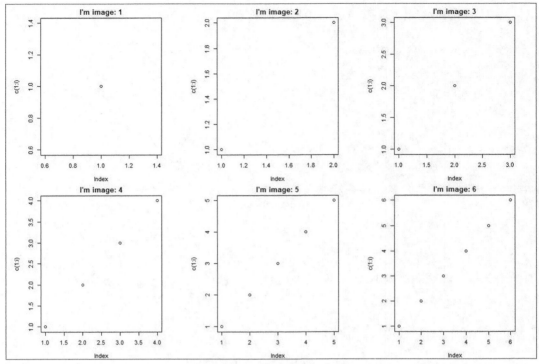

图 5-32　图形组合（2）

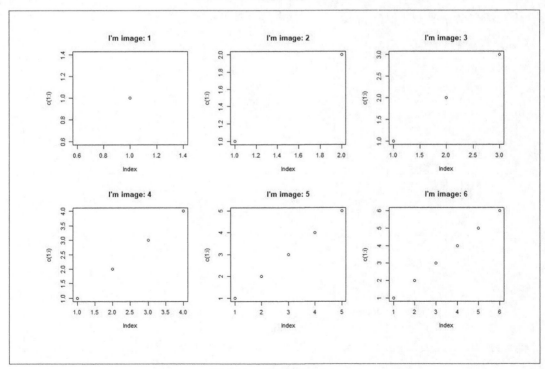

图 5-33　图形组合（3）

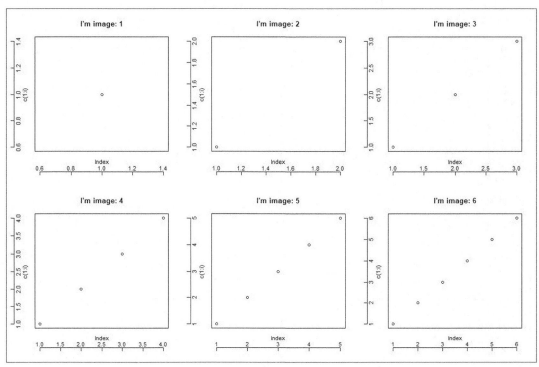

图 5-34 图形组合（4）

5.3.2 layout 函数

与 par 函数均分画布不同，layout 函数可以不均等地分割页面，格式如下。

```
layout(mat,widths=rep(1,ncol(mat)),heights=rep(1,nrow(mat)),respect=FALSE)
```

layout 函数的常用参数及其描述如表 5-22 所示。

表 5-22 layout 函数的常用参数描述

参数名称	参数描述
mat	矩阵，提供了绘图的顺序及图形版面的安排；矩阵中的元素为数字 $1 \sim n$；数字的顺序和图形方格的顺序是一样的；相同数字的部分合并成一个绘图区
widths/heights	提供了各个矩形绘图区域的长和宽的比例
respect	逻辑值，表示各图形内的横纵轴刻度长度的比例尺是否一样

通过代码 5-31 展示 layout 函数切割画布的效果，如图 5-35 所示。

代码 5-31　切割画布

```
> mat<-matrix(c(1,1,2,3,3,4,4,5,5,6), nrow = 2, byrow = TRUE)
> layout(mat)
> for(i in 1:6){
+   plot(c(1:i),main=paste("I'm image:",i))
+ }
```

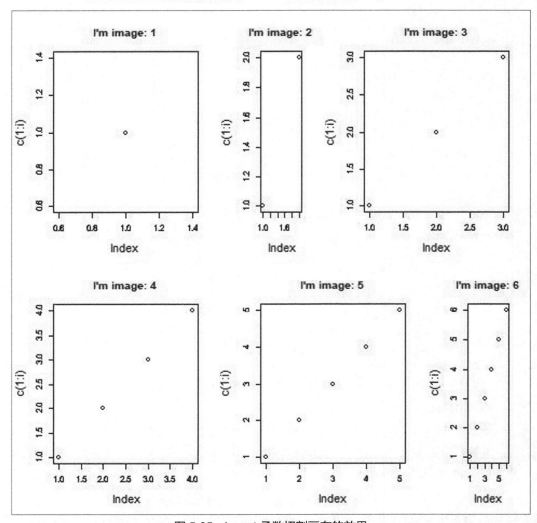

图 5-35　layout 函数切割画布的效果

5.4　保存图形

　　R 语言提供将图片输出到屏幕的 windows 函数和 X11 函数，其中，windows 函数用于 Windows 系统，X11 函数用于 UNIX 类型系统的 X11 桌面系统。图片输出到屏幕的示例如代码 5-32 所示，选择"文件"菜单下的"另存为"命令可将图片以不同的文件形式输出到屏幕。

代码 5-32　图片输出到屏幕

```
> windows()  # 打开图形设备界面，UNIX 用 X11 桌面系统
> plot(iris)  # 在打开的图形界面绘制散点矩阵图
```

　　读者可以使用 win.metafile 函数、bmp 函数、tiff 函数、svg 函数、postscript 函数、png 函数、jpeg 函数等将图形绘制到指定文件，并用 dev.off 函数结束关联。

　　代码 5-33 可将绘制的 iris 散点矩阵图保存为 JPG 格式，并放置到指定工作目录下。

代码 5-33　保存为 JPG 格式

```
> jpeg(filenames = 'C:/Users/tipdm/Desktop/iris.jpg')# 保存的路径及文件名称、类型
> plot(iris[, 1:4])  # 绘制图形
> dev.off()  # 关闭关联
```

同样的，可以使用 pdf 函数将图形保存为 PDF 文件格式。这里以 657 种颜色的打印及保存为 PDF 文件格式为例，如代码 5-34 所示。

代码 5-34　保存为 PDF 文件格式

```
> pdf("colors-bar.pdf", height=120)  # 保存到当前工作目录下
> par(mar = c(0, 10, 3, 0)  +0.1, yaxs = "i")
> barplot(rep(1, length(colors())), col = rev(colors()),
+   names.arg=rev(colors()),horiz = T, las = 1, xaxt="n",
+   main = expression("Bars of colors in"~ italic(colors())))
> dev.off()
```

5.5　小结

本章学习了初级绘图，介绍了绘制基础图形、修改图形参数等内容，总结起来就是以下几点。

（1）绘制直方图、条形图、饼图、箱线图，利用这些图形分析数据分布情况。

（2）绘制散点图、散点矩阵图、多变量相关矩阵图，利用这些图形分析数据间的关系。

（3）绘制一些其他图形，如核密度图、小提琴图、QQ 图、星状图、等高图。

（4）修改图形参数，包括修改颜色，修改点符号与线条，修改文本属性，设置坐标轴，添加图例。

（5）利用 par 函数与 layout 函数绘制组合图形。

（6）将图形保存到设定的工作目录下。

课后习题

1．选择题

（1）下列可用于绘制散点图的是（　　）。

  A．plot 函数　　 B．barplot 函数　 C．boxplot 函数　 D．hist 函数

（2）下列图形中，不能分析数据分布情况的是（　　）。

  A．散点图　　 B．直方图

  C．多变量相关矩阵图　 D．箱线图

（3）数据维度较大时，为比较两两变量之间的相关关系，可以考虑绘制的图形是（　　）。

  A．散点图　　 B．箱线图

  C．饼图　　 D．多变量相关矩阵图

（4）为展示数据类别的占比情况，可以考虑绘制的图形是（　　　）。

    A．散点图   B．箱线图

    C．饼图   D．多变量相关矩阵图

（5）下列绘制的图形与 R 函数对应关系不正确的是（　　　）。

    A．散点图——plot 函数   B．箱线图——barplot 函数

    C．QQ 图——qqplot 函数   D．散点矩阵图——pairs 函数

（6）下列选项中，（　　　）不是 R 自带的修改颜色函数。

    A．rgb 函数   B．colors 函数

    C．palette 函数   D．brewer.pal 函数

（7）能修改点样式的参数是（　　　）。

    A．cex   B．pch   C．lwd   D．font

（8）可以在图形中的任意位置添加文字说明的函数是（　　　）。

    A．title 函数   B．text 函数   C．mtext 函数   D．main 函数

（9）为在现有图形上添加拟合直线，可以考虑的函数是（　　　）。

    A．line 函数   B．lines 函数   C．abline 函数   D．ablines 函数

（10）下列图形参数与说明的对应关系不正确的是（　　　）。

    A．axes——是否显示坐标轴   B．xlim——x 轴的取值范围

    C．col——颜色设置   D．font——是否显示标题

2．操作题

（1）表 5-23 是某银行贷款拖欠率的数据 bankloan。

表 5-23　银行贷款拖欠率的数据

年龄	教育	工龄	收入	负债率	信用卡负债	其他负债	违约
41	3	17	176	9.3	11.36	5.01	1
27	1	10	31	17.3	1.36	4	0
40	1	15	55	5.5	0.86	2.17	0
41	1	15	120	2.9	2.66	0.82	0

    ①比较有违约与无违约行为特征的人群分布。

    ②探索不同特征的人群收入与负债的分布情况。

    ③探索不同特征的人群收入与负债的关系。

（2）根据 VADeaths 数据集，分别绘制城镇居民与农村居民死亡情况的饼图，添加标题及图例说明，并分析图表。

（3）在同一画布上绘制 iris 数据集的 4 个属性两两之间的散点图，所得到的结果如图 5-36 所示。

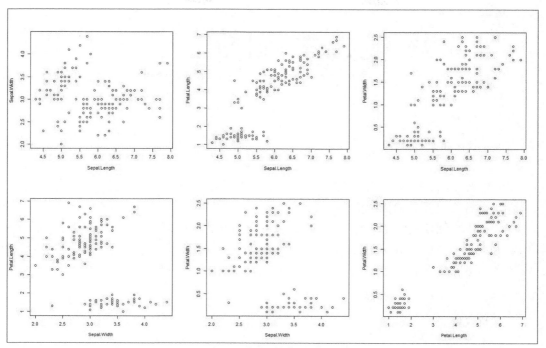

图 5-36 属性两两之间的散点图

（4）将第（3）题的结果保存为 PNG 文件格式，并储存到当前工作目录下。

第 6 章 高级绘图

高级绘图工具是相对于 R 语言的基础绘图系统而言的，包括 lattice 图形系统、ggplot2 图形系统及各类交互式绘图工具。

本章首先介绍使用 lattice 包和 ggplot2 包绘制图形的方法，然后介绍绘制交互式图形的各种 R 包，如 rCharts、recharts、googleVis、htmlwidgets 和 shiny 等，通过图形的实时交互加深读者对数据的理解。

学习目标

（1）掌握使用 lattice 包绘制图形并修改图形参数的方法。
（2）掌握使用 ggplot2 包绘制图形并修改图形参数的方法。
（3）认识常用的交互式绘图工具。

6.1　使用 lattice 包绘图

lattice 包是 Deepayan Sarkar 基于 grid 包而编写的一套统计图形系统。它的图形设计理念来自于 Cleveland 的 Trellis 图形。grid 图形系统可以很容易控制图形基础单元，使得编程者能够灵活地创作图形。lattice 包通过栅栏（trellis）图形来对多元变量关系进行直观展示，为单变量和多变量数据的可视化提供了一个全面的图形系统。一些不常见的图形用标准绘图工具很难实现，而使用 lattice 却能很轻易地实现。

6.1.1　lattice 包绘图特色

与 plot 函数相似，lattice 包也有可以绘制散点图的 xyplot 函数；与 plot 函数不同的是，它的绘制对象是一个表达式 y~x。以 mtcars 数据集为例，绘制车身重量（wt）与每升汽油行驶的千米数（3.5407*mpg）的散点图，如代码 6-1 所示。

代码 6-1　用 xyplot 函数绘制散点图

```
> library('lattice')
> xyplot(wt ~ 3.5407*mpg, data = mtcars, ylab = 'Weight', xlab = 'Kilometers per
liter',
+    main = 'lattice包绘制散点图')
```

运行代码 6-1，所得的散点图如图 6-1 所示。

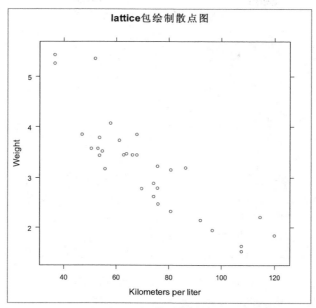

图 6-1　lattice 包绘制的散点图（mtcars 数据集）

1. 图形参数

对于第 5 章介绍的基础函数，需要设置图形参数来控制生成的图形，而 lattice 包则是将默认的图形参数归总到指定列表对象中，show.settings 函数可展示当前的图形参数设置情况。如果需要获取参数列表，可使用 trellis.par.get 函数。而 trellis.par.set 函数则可以修改参数列表。

查看所有设置的列表，可以调用不带参数的 trellis.par.get 函数，如代码 6-2 所示。

代码 6-2　查看参数列表的名称

```
> names(trellis.par.get())  # 查看参数列表的名称
 [1] "grid.pars"    "fontsize" "background"   "panel.background" "clip"
 [6] "add.line" "add.text" "plot.polygon" "box.dot"    "box.rectangle"
[11] "box.umbrella" "dot.line" "dot.symbol"   "plot.line" "plot.symbol"
[16] "reference.line"  "strip.background" "strip.shingle" "strip.border"
     "superpose.line"
[21] "superpose.symbol" "superpose.polygon" "regions"   "shade.colors"
     "axis.line"
[26] "axis.text"   "axis.components" "layout.heights"    "layout.widths"
     "box.3d"
[31] "par.xlab.text"    "par.ylab.text" "par.zlab.text" "par.main.text"
     "par.sub.text"
```

代码 6-2 运行后所得到的参数列表的名称中，"fontsize" 包含了字体大小与散点大小的参数，可以通过 trellis.par.get('fontsize') 命令来查看相关参数。如果需要对字体或散点大小进行修改，可以使用 trellis.par.set 函数，如代码 6-3 所示。修改参数后的绘图结果如图 6-2 所示。

代码 6-3　修改 fontsize 参数

```
> op <- trellis.par.get()  # 保存原有的参数列表
> trellis.par.get('fontsize')  # 查看字体大小与散点大小的集合
$text
[1] 12

$points
[1] 8
> trellis.par.set(fontsize = list(text = 20, points = 20))  # 修改参数
> xyplot(wt ~ mpg, data = mtcars, xlab = 'Weight', ylab = 'Miles per Gallon',
+        main = 'lattice 包绘制散点图')
> trellis.par.set(op)  # 将参数恢复为默认设置
```

图形化显示所有参数的示例，如代码 6-4 所示，所得到的结果如图 6-3 所示。

代码 6-4　图形化显示所有参数

```
> show.settings()  # 图形化显示所有参数
```

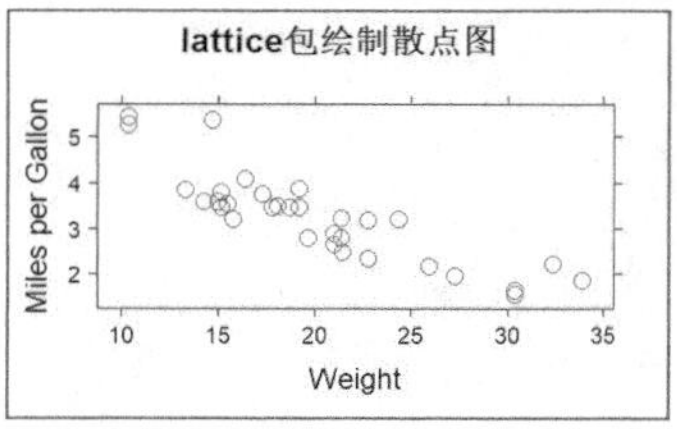

图 6-2　修改 fontsize 参数后的图形展示效果

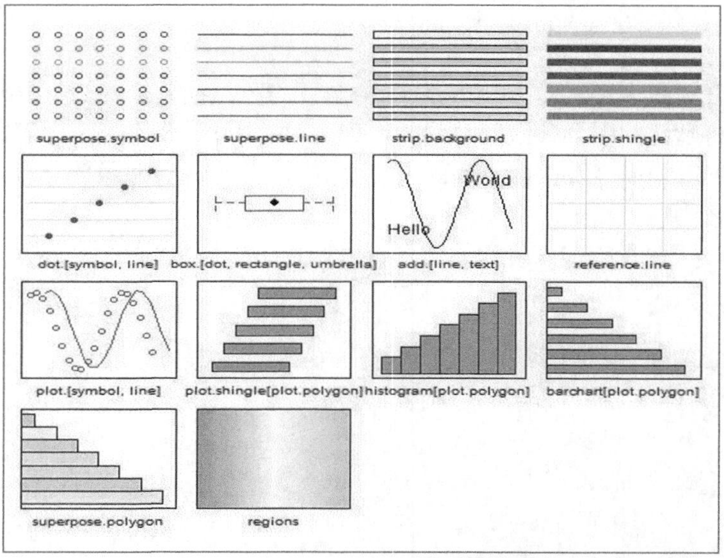

图 6-3　lattice 包图形参数的图形化展示效果

lattice 图形参数是有层次的，可以将它们看作列表的列表，即可使用$符号对相关图形参数进行索引。在绘制图形时，如果需要根据分类区分不同数据，可在 xyplot 函数中添加参数 group。

lattice 包默认以不同颜色区分不同类别的数据。根据散点形状区分不同类别的点的示例如代码 6-5 所示，可得到图 6-4 所示的结果。

代码 6-5　lattice 包根据散点形状区分不同类别

```
> data = data.frame(x = 1:15, y = 11:25, z = rep(c('a', 'b', 'c'), times = 5))
```

```
> xyplot(y ~ x, data = data, groups = z)   # 根据 z 列绘制分组的散点图
> op <- trellis.par.get()   # 保存原有的参数列表
> op_1 <- trellis.par.get()   # 赋值
> op_1$superpose.symbol$col   # 查看点的颜色
[1] "#0080ff"    "#ff00ff"    "darkgreen"  "#ff0000"    "orange"     "#00ff00"
"brown"
> op_1$superpose.symbol$pch   # 查看点的形状
[1] 1 1 1 1 1 1 1
> op_1$superpose.symbol$col <- 'black'
> op_1$superpose.symbol$pch <- 1:10
> trellis.par.set(op_1)   # 设置参数列表
> xyplot(y ~ x, data = data, groups = z)   # 根据 z 列绘制分组的散点图
> trellis.par.set(op)   # 将参数恢复为默认设置
```

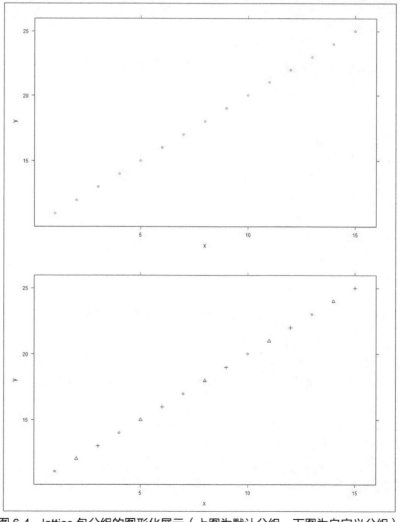

图 6-4　lattice 包分组的图形化展示（上图为默认分组，下图为自定义分组）

2. 条件变量

lattice 包绘图工具的一个强大之处在于，其可以通过添加条件变量创建各个水平下的面板。条件变量的设置通常不超过两个。一般情况下，条件变量是因子型变量，若条件变量为连续型，则需要先将连续型变量转换为离散变量，再将其设置为条件变量。

在 lattice 包中，可以通过管道符号（|）来添加条件变量 v，其格式如下。

```
Graph_function(formula|v,data=,options)
```

以 iris 数据集为例，以 Species（鸢尾花种类）为条件变量绘制 Sepal.Length（花萼长度）与 Sepal.Width（花萼宽度）的栅栏图，如代码 6-6 所示，运行结果如图 6-5 所示。

代码 6-6　绘制栅栏图

```
> library(lattice)
> attach(iris)
> xyplot(Sepal.Length ~ Sepal.Width | Species)
> detach(iris)
```

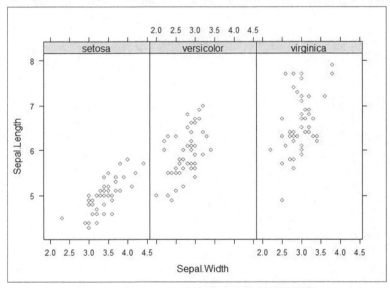

图 6-5　以 Species 为条件变量绘制的栅栏图

在图 6-5 中，单个面板要依据条件变量的各个水平来创建。如果指定了多个条件变量，那么面板将按照各个因子水平的组合来创建。面板将被排成阵列以进行比较，可对每个面板中展示的图形、面板的格式和位置、面板的摆放、图例的内容和位置及其他许多图形特征进行控制。

设小写字母（x、y）代表数值型变量，大写字母（A、B）代表类别型变量（因子），则在高级绘图函数中，表达式的形式通常如下。

```
x ~ y | A + B
```

竖线左边的变量为主要变量，右边的变量为条件变量。主要变量将变量映射到每个面板的坐标轴上。

3．面板函数

在 lattice 包中，每个高级绘图函数都调用了一个默认的函数来绘制面板。这些默认的函数服从如 panel.graph_function 形式的命名惯例，其中 graph_function 是绘图函数。例如，xyplot 函数默认的绘图函数为 panel.xyplot。

此外，还有对面板定义或者增加外观细节的低级面板函数。这些函数可以为 lattice 图形添加线、文本或者其他图形元素。读者可以使用自定义函数替换默认的面板函数，也可将 lattice 包中的 50 多个默认面板中的某个或多个整合到自定义的函数中。自定义面板函数具有极大的灵活性，可随意设计输出结果以满足要求。常见的低级面板函数如表 6-1 所示。

表 6-1　低级面板函数说明

函　数	描　述
panel.abline	在面板的图表区域添加线
panel.curve	在面板的图表区域添加曲线
panel.rug	在面板上添加轴须
panel.mathdensity	给定分布函数，绘制概率分布图
panel.average	按照因子变量绘制平均值
panel.fill	对面板填充具体的颜色
panel.grid	绘制网格线
panel.loess	添加一条光滑曲线
panel.lmline	为数据添加一条回归线
panel.refline	在面板的图表区添加一条线
panel.qqmathline	在样本和理论分布的 25 分位点和 75 分位点添加一条线
panel.violin	绘制小提琴图，通常用于箱线图

如果希望在使用 xyplot 函数绘制的散点图上添加回归线、光滑曲线、轴须和网格线，那么只需将 panel 参数设置为一个整合了多个面板函数的函数即可，如代码 6-7 所示，得到的结果如图 6-6 所示。

代码 6-7　添加回归线、光滑曲线、轴须和网格线

```
> my_panel <- function(x,y){panel.lmline(x, y, col = "red",
+   lwd = 1, lty = 2)  # 为数据添加一条回归线
+   panel.loess(x,y)  # 添加一条光滑曲线
+   panel.grid(h = -1, v = -1)  # 绘制网格线
+   panel.rug(x, y)  # 在面板上添加轴须
+   panel.xyplot(x, y)}  # 绘制散点图
> xyplot(mpg ~ wt, data = mtcars, xlab = "Weight", ylab = "Miles per Gallon",
+     main = "Miles per Gallon on Weight", panel = my_panel)
```

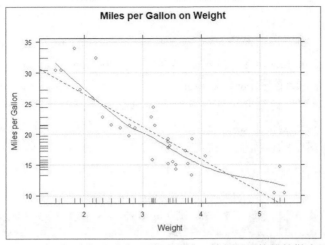

图 6-6　绘制添加了回归线、光滑曲线、轴须和网格线的散点图

4．分组变量

可以通过添加条件变量（x ~ y | A + B）来创建各个水平下的面板。若需要把不同水平的图形效果叠加到一起，则可以将变量设定为分组变量（group 参数），其格式如下。

```
graph_function(formula, data=data, qroup=v)
```

以 iris 数据集为例，绘制 Sepal.Length（花萼长度）与 Sepal.Width（花萼宽度）的散点图，并根据 Species（鸢尾花种类）对数据进行分组，如代码 6-8 所示，得到的散点图如图 6-7 所示。

代码 6-8　对数据进行分组

```
> xyplot(Sepal.Length ~ Sepal.Width, group = Species, data = iris,
+     pch = 1:3, col = 1:3, main = 'Sepal.Length VS Sepal.Width',
+     key = list(space = "right", title = "Species", cex.title = 1, cex = 1,
+         text = list(levels(factor(iris$Species))),
+         points=list(pch = 1:3, col= 1:3)))
```

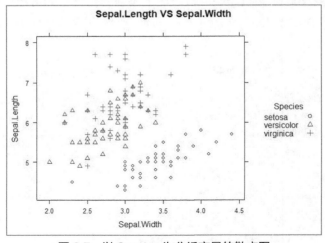

图 6-7　以 Species 为分组变量的散点图

从图 6-7 可以看到，不同的颜色及点样式用于表示不同种类的鸢尾花数据，通过建立关于图例设置的列表赋值给参数 key 实现。图例添加了图例的标题，说明不同种类的鸢尾花数据分别使用的散点样式，最后将图例放置在散点图的右侧。

5. 图形组合

通过第 5 章初级函数的学习，读者认识到使用 par 函数可以在一个页面中组合多个图形。但 lattice 包不能识别 par 函数设置，需要新的方法完成页面摆放。最简单的方法便是先将 lattice 图形存储到对象中，然后利用 plot 函数中的 split 和 position 参数选项来进行控制。

split 参数是一个长度为 4 的向量。这 4 个向量值将页面分割为一个指定行数和列数的矩阵，然后将图形放置到该矩阵中。这 4 个向量值分别对应图形所处的列、图形所处的行、列的总数、行的总数。

position 参数也是一个长度为 4 的向量，但会将页面看成一个 x-y 坐标系的矩形：x 轴和 y 轴的范围为[0,1]，矩形的左下角坐标值是原点(0,0)，右上角是(1,1)。这 4 个选项分别是图形左下角和右上角的坐标值。

以 iris 数据集为例，在同一个画布上分别绘制 Sepal.Length（花萼长度）与 Sepal.Width（花萼宽度）的散点图，如代码 6-9 所示，所得到的图形如图 6-8 所示。在图 6-8 中，左边的图是以 Species（鸢尾花种类）为条件变量的栅栏图，中间和右边的图是根据 Species（鸢尾花种类）分组的散点图。

代码 6-9　lattice 包中的图形组合效果

```
> graph1 <- xyplot(Sepal.Length ~ Sepal.Width | Species, data = iris,
+    main = '栅栏图')
> graph2 <- xyplot(Sepal.Length ~ Sepal.Width, group = Species, data = iris,
+    main = '散点图 1')
> graph3 <- xyplot(Petal.Length ~ Petal.Width, group = Species, data = iris,
+    main = '散点图 2')
> # split 参数
> plot(graph1, split = c(1,1,3,1))
> plot(graph2, split = c(2,1,3,1), newpage = FALSE)
> plot(graph3, split = c(3,1,3,1), newpage = FALSE)
> # position 参数，绘图效果同上
> plot(graph1, position = c(0, 0, 1/3, 1))
> plot(graph2, position = c(1/3, 0, 2/3, 1), newpage = FALSE)
> plot(graph3, position = c(2/3, 0, 1, 1), newpage = FALSE)
```

6.1.2　使用 lattice 包

lattice 包很容易实现单变量或多变量的数据可视化，生成的图形为栅栏图。在一个或多个其他变量的条件下，栅栏图可展示某个变量的分布或与其他变量间的关系。同时，lattice 包提供了丰富的图形函数，包括生成单变量图形（点图、核密度图、直方图、柱状图和箱线图）、双变量图形（散点图、带状图和平行箱线图）和多变量图形（三维图和散点图矩阵）。

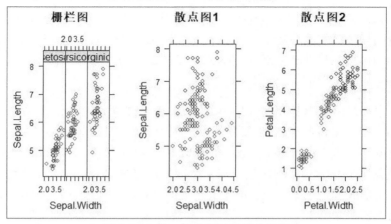

图 6-8　lattice 包中的图形组合效果

lattice 包中包含的基本绘图函数及相关绘图对象如表 6-2 所示。

表 6-2　lattice 包的函数名和对应函数功能

函数名 （graph_function）	函数功能	绘制对象 （formula）
barchart	条形图	数组、表达式、矩阵、数值型向量、表格
dotplot	点图	数组、表达式、矩阵、数值型向量、表格
histogram	直方图	因子、表达式、数值型向量
densityplot	核密度图	表达式、数值型向量
stripplot	带状图	表达式、数值型向量
qqmath	QQ 图	表达式、数值型向量
qq	两样本 QQ 图	表达式
bwplot	箱线图	表达式、数值型向量
xyplot	散点图	表达式
splom	散点图矩阵	数据框、表达式、矩阵
levelplot	三维水平图	数组、表达式、矩阵、表格
contourplot	三维等高图	数组、表达式、矩阵、表格
cloud	三维散点图	表达式、矩阵、表格
wireframe	三维曲面图	表达式、矩阵

表 6-2 中，lattice 包的函数的通用格式如下。

```
graph_function(formula, data = data, options)
```

其中，formula 为函数形式，即图形表达式；data 为对应的数据集；options 为各种绘图时的选项，用于设置图形的格式和标注等。

在 lattice 包中，大部分绘图函数的参数选项都是相同的。绘图函数的一些常用的通用参数描述如表 6-3 所示。

表 6-3 lattice 包绘图函数的常用参数描述

常见参数	描述
x	要绘制的对象，可以是表达式、数组、数值型向量或者表格
data	当 x 是表达式时，data 是函数要调用的一个数据框
allow.multiple	说明如何解释形如 $y_1+y_2\sim X\|Z$（X、Z 都可能是多元变量的函数）的公式。allow.multiple=TRUE 为默认状态，lattice 函数将在同一个面板上重叠绘制 $y_1\sim X\|Z$ 和 $y_2\sim X\|Z$；如果 allow.multiple=FALSE，则将绘制 $(y_1+y_2)\sim X\|Z$
outer	当 allow.multiple=TRUE 及制定多个因变量时，指定是否使用叠图。若 outer=FALSE，绘制叠加图；若 outer=TRUE，图形在不同的面板展示
box.ratio	数值，对于以矩形图显示数据的函数 bwplot、barchart 和 stripplot，指定内部矩形空间的长宽比
horizontal	逻辑值，在 bwplot、dotplot、barchart 和 stripplot 中指定图形放置的方向：水平或垂直
panel	绘制的一个面板函数
aspect	指定不同面板的宽高比。默认情况下，aspect="fill"，填充可用空间；aspect="iso"，表示等距比例
groups	指定传递给面板函数描述数据分组的变量
auto.key	逻辑值，添加分组变量的图例符号（变量 key 和 legend 会覆盖 auto.key 的值）
prepanel	函数，其参数与函数 panel 相同，返回一个列表，其中包括 xlim、ylim、dx、dy，以及相对少见的 xat 和 yat
strip	逻辑值，指定标签面板是否需要绘制
xlab、ylab	指定 x 轴、y 轴标签的字符值
scales	列表，指定 x 轴、y 轴怎样绘制
subscripts	逻辑值，指定传递给面板函数的命名空间向量
subset	指定 data 的子集来绘制图形（默认包含所有的数据）
xlim、ylim	两元素数值型向量，分别设定 x 轴、y 轴的最小值和最大值
drop.unused.levels	逻辑值，指定是否去掉未使用水平向量的因素
default.scales	scales 的默认值列表
lattice.options	绘制参数的列表，与标准 R 图形的 par 相似

1. 条形图

lattice 包使用 barchart 函数来绘制条形图。barchart 绘制条形图时有如下两种格式。

```
barchart(table,...)
barchart(formula,data=data frame,...)
```

以绘制 VADeaths 数据集的条形图为例，当输入参数为数据框时，展示 lattice 包绘制条形图的效果，如代码 6-10 所示，得到的条形图如图 6-9 所示。

代码 6-10　lattice 包绘制条形图

```
> barchart(VADeaths, main = 'Death Rates in 1940 Virginia(By Group)')
> barchart(VADeaths, groups = FALSE, main = list("Death Rates in 1940 Virginia",
+    cex = 1.2))
```

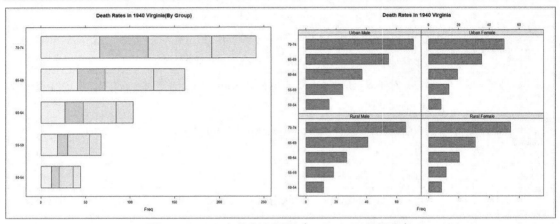

图 6-9　lattice 包绘制条形图（VADeaths 数据集）

如果输入的参数为表达式，那么以 Titanic 数据集为例的数据处理如代码 6-11 所示，其中，Titanic 数据集从 economic status（class，经济地位）、sex（性别）、age（年龄）和 survival（是否获救）4 个方面总结了 Titanic 航行中不同人群获救与否的人数情况。

代码 6-11　Titanic 数据集的数据处理

```
> str(Titanic)
 table [1:4, 1:2, 1:2, 1:2] 0 0 35 0 0 0 17 0 118 154 ...
 - attr(*, "dimnames")=List of 4
  ..$ Class   : chr [1:4] "1st" "2nd" "3rd" "Crew"
  ..$ Sex     : chr [1:2] "Male" "Female"
  ..$ Age     : chr [1:2] "Child" "Adult"
  ..$ Survived: chr [1:2] "No" "Yes"
> as.data.frame(Titanic)  # 将 Titanic 数据集转换为数据框的形式
  Class   Sex  Age Survived Freq
1   1st  Male Child      No    0
2   2nd  Male Child      No    0
3   3rd  Male Child      No   35
4  Crew  Male Child      No    0
5   1st Female Child     No    0
...
```

barchart 函数可以直接对 table 类型绘制条形图，相应的代码比较简单，这里不再赘述。同样也可以将表格数据 Titanic 转换成数据框，然后通过参数 x 来指定表达式，通过参数 data 指定数据框，从而绘制条形图，相关示例如代码 6-12 所示，得到的条形图如图 6-10 所示。

代码 6-12　用 barchart 函数绘制条形图

```
> # 左图：默认条形图
> pic1 <- barchart(Class ~ Freq|Age + Sex, data = as.data.frame(Titanic),
+   groups = Survived,
stack = TRUE,
+   auto.key = list(title = "Survived", columns = 2))
> #中图：将 x 轴坐标设置为 free 的条形图
> pic2 <- barchart(Class ~ Freq|Age + Sex, data = as.data.frame(Titanic),
+     groups = Survived,
stack = TRUE,
+   auto.key = list(title = "Survived", columns = 2), scales = list(x = "free"))
> #右图：增加垂直网格线，并将条形边框设置为透明的条形图
> pic3 <- update(pic2, panel=function(...){
+   panel.grid(h=0,v=-1)
+   panel.barchart(...,border="transparent")
+ })
> plot(pic1, split = c(1,1,3,1))
> plot(pic2, split = c(2,1,3,1), newpage = FALSE)
> plot(pic3, split = c(3,1,3,1), newpage = FALSE)
```

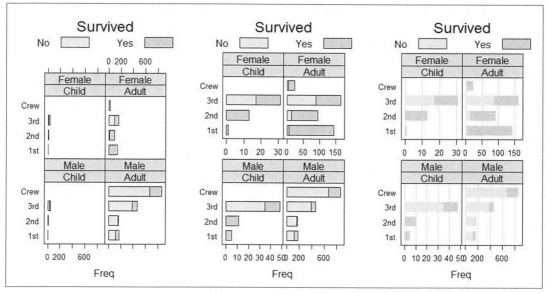

图 6-10　使用 barchart 函数绘制的条形图

图 6-10 中的左图为使用 barchart 函数绘制条形图的默认效果。代码 6-12 中，stack 参

R 语言编程基础

数设定条形图是以堆积方式还是分组方式展示；通过调整 auto.key 参数，可以给图例添加标题和改变其排列方式。此处的代码添加图例标题 "Survived"，并将图例排列成一行两列。

从图 6-10 中的左图可以发现，成年人（Adult）的人数远多于小孩（Child），可以将 scales 参数设置为 x = "free"来优化 x 轴的取值范围，以提高图形的可读性，得到图 6-10 中间的图形。

另外，可以使用 update 函数来修改 lattice 图形对象。假如在条形图中添加垂直网格线，并将条形边框设置为透明色，则可利用 update 函数修改面板参数 panel 来实现，得到图 6-10 中的右图。

2. 点图

点图提供了一种在简单水平刻度上绘制大量有标签值的方法。可以用 dotplot 函数创建点图。和 barchart 函数一样，dotplot 函数默认通过公式和数据框指定数据，对于 table 类数据还有以下方法可以使用。

```
dotplot(x,data,groups=TRUE,...,horizontal=TRUE)
```

以 VADeaths 数据集为例，绘制点图来分析不同人群在不同阶段的死亡率，如代码 6-13 所示。

代码 6-13　绘制点图

```
> dotplot(VADeaths, pch = 1:4, xlab = 'Death rates per 1000',
+       main = list('Death Rates in 1940 Virginia (By Group)', cex = 0.8),
+       key = list(column = 4, text = list(colnames(VADeaths)),
+       points = list(pch = 1:4, col = 1:4)))
```

为了提高图形的可读性，在代码 6-13 中增加了主标题和 x 轴标题，并对不同人群用不同的颜色和符号进行区分，最后通过 key 参数设置图例的样式和摆放方式，得到的图形如图 6-11 所示。观察图 6-11 可知，男性死亡率高于女性，其中城市男性死亡率又高于农村男性。

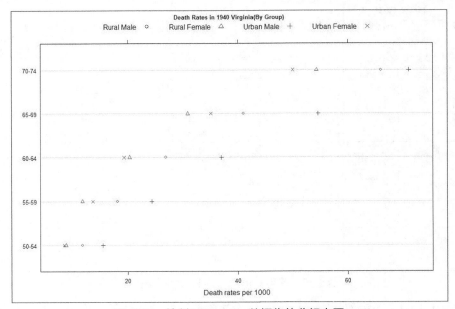

图 6-11　绘制 VADeaths 数据集的分组点图

160

如果将 group 参数设置为 FALSE（如代码 6-14 所示），那么 dotplot 函数将绘制出画板点图，如图 6-12 所示。

代码 6-14 绘制画板点图

```
> dotplot(VADeaths, group = FALSE, xlab = 'Death rates per 1000',
+     main = list('Death Rates in 1940 Virginia', cex = 0.8))
```

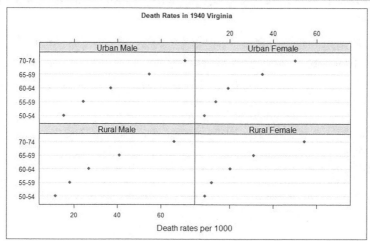

图 6-12 VADeaths 数据集绘制面板点图

从图 6-12 可知，不同人群存在相同的规律，即死亡率随着年龄的增长而增大。可以通过调整 type 参数，对图 6-12 进行美化，如代码 6-15 所示，调整 type 参数后得到的美化后的结果如图 6-13 所示。

代码 6-15 调整 type 参数

```
> dotplot(VADeaths, groups = FALSE, layout=c(1,4), origin = 0, type = c("p", "h"),
+     main = list("Death Rates in 1940 Virginia",cex=0.8),
+     xlab = "Death rates per 1000")
```

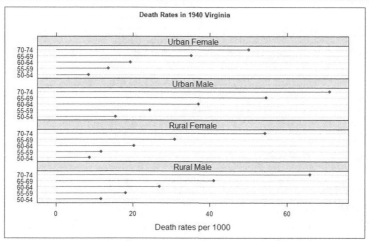

图 6-13 调整 type 参数后绘制的 VADeaths 数据集的面板点图

3. 直方图

在 lattice 包中，histogram 函数可用于绘制直方图，格式如下。

```
histogram(x, data, nint = if (is.factor(x)) nlevels(x)
else round(log2(length(x)) + 1),...)
```

其中，nint 表示直方图的划分份数，默认情况下，如果数据是因子型数据，那么直接根据因子划分份数；如果不是因子型数据，而是将计算 log2(length(x)) + 1 的四舍五入后的结果作为划分份数。

绘制 singer 数据集的直方图的示例如代码 6-16 所示，其中，singer 数据集记录了 1979 年纽约合唱团歌手的身高，并根据音域将歌手分为低音 2（Bass 2）、低音 1（Bass 1）、男高音 2（Tenor 2）、男高音 1（Tenor 1）、男高音 2（Alto 2）、女低音 1（Alto 1）、女高音 2（Soprano 2）、女高音 1（Soprano 1）等 8 类。

代码 6-16　绘制 singer 数据集的直方图

```
> histogram( ~ height | voice.part, data = singer, nint = 17, layout = c(1,8),
+    xlab = "Height (inches)")
```

为了更方便地对不同的组做比较，可以通过 layout 参数将图形垂直堆积起来。从图 6-14 可知，从低音到高音，歌手的平均身高在递减。

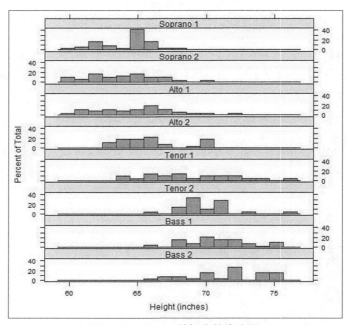

图 6-14　singer 数据集的直方图

4. 核密度图

如果想用一条线而不是通过一组矩形块来展示连续型变量的分布，可以选择核密度图。在 lattice 包中，核密度图可以用 densityplot 函数来绘制。

默认情况下，densityplot 会在每个图的下面绘制一个带状图来展示每一个数据点。绘制 singer 数据集的核密度图的示例如代码 6-17 所示，得到的结果如图 6-15 所示。

代码 6-17　绘制核密度图

```
> densityplot( ~ height | voice.part, data = singer, layout=c(1, 8),
+    xlab = "Height (inches)",
main = "Heights of New York Choral Society singers")
```

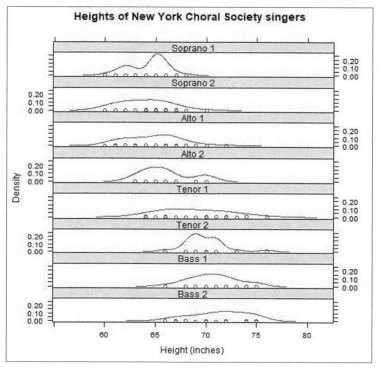

图 6-15　singer 数据集的核密度图

　　相比直方图，核密度图的一个优势是可以在彼此上方堆放，而且结果还有可读性。将条件变量（voice.part）归为分组变量，可以将这些图依次叠放。研究人员通过叠加的图可以很容易地比较不同分布的形状。绘制核密度线叠加图的示例如代码 6-18 所示，得到的结果图如图 6-16 所示。

代码 6-18　绘制核密度线叠加图

```
> densityplot( ~ height, group = voice.part, data = singer,
+       xlab = "Height (inches)" , plot.points = FALSE,
+       main = "Heights of New York Choral Society singers", lty = 1:8,
+       col = 1:8, lwd = 1.5,
key = list(text = list(levels(singer$voice.part)),
+       column = 4, lines = list(lty = 1:8, col = 1:8)))
```

　　为了让叠加的各类别数据更清晰，代码 6-18 设置 plot.points=FALSE，不绘制数据点。

　　同样的，可以通过面板参数的设定，在图 6-14 上添加核密度图，展示数据的分布情况，相关示例如代码 6-19 所示，所得的图形如图 6-17 所示。

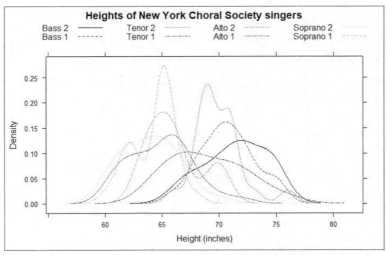

图 6-16　singer 数据集的核密度线叠加图

代码 6-19　添加核密度图

```
> histogram( ~ height | voice.part, data = singer,
+        xlab = "Height (inches)", type = "density",
+        panel = function(x, ...) {
+          panel.histogram(x, ...)
+          panel.mathdensity(dmath = dnorm, col = "black",
+                    args = list(mean=mean(x),sd=sd(x)))
+        })
```

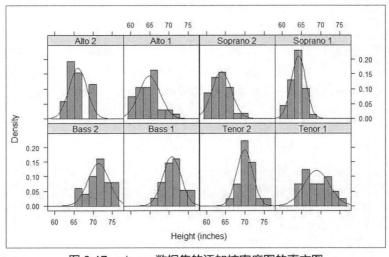

图 6-17　singer 数据集的添加核密度图的直方图

5. 带状图

当数据量不多时，可以采用带状图代替直方图来展示数据。这时可以认为带状图是一维的散点图。在 lattice 包中，通过 stripplot 函数绘制带状图。

这里以 singer 数据集中的低音 2（Bass 2）为例来介绍带状图。数据集中符合条件的观测值只有 26 个，因此带状图是一个展示密度的合适方法。

这个例子使用subset参数来指定需要绘制图形的数据集，同时通过设置参数jitter.data = TRUE 增加一些随机的垂直噪声来使数据点更具有可读性。绘制带状图的示例如代码 6-20 所示，所得到的图如图 6-18 所示。

代码 6-20　绘制带状图

```
> nrow(singer[singer$voice.part == 'Bass 2', ])  # 统计符合要求的数据长度
[1] 26
> stripplot(~ height, group = voice.part, data = singer, xlab = "Height (inches)",
+         main = "Heights of New York Choral Society singers",
+         subset = (voice.part == "Bass 2"), jitter.data = TRUE)
```

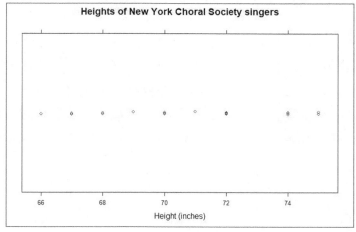

图 6-18　Bass 2 歌手身高的带状图

6. QQ 图

lattice 包里的另外一个很有用的图是 QQ 图。QQ 图用于比较数据的实际分布与理论分布。具体来说，它绘制观测数据的分位与理论分布的分位图形。如果绘制的点形成了一条直的对角线（从右上到左下），那么说明观测数据服从理论的分布。QQ 图是一种识别数据集与理论分布拟合程度优劣的非常有用的图形。lattice 包中的 qqmath 函数可绘制单变量 QQ 图，qq 函数可生成比较两个分布的 QQ 图。

以 singer 数据集为例，绘制不同音域人群的身高 QQ 图，如代码 6-21 所示，所得到的 QQ 图如图 6-19 所示。

代码 6-21　绘制不同音域人群的身高 QQ 图

```
> qqmath(~ height | voice.part, data = singer, prepanel = prepanel.qqmathline,
+     panel = function(x, ...) {
+     panel.qqmathline(x, ...)
+     panel.qqmath(x, ...)
+     })
```

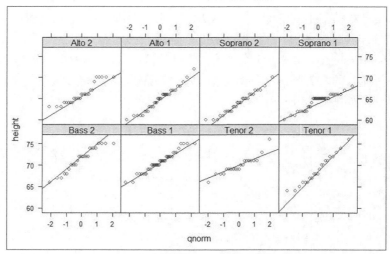

图 6-19　不同音域人群的身高 QQ 图

以 singer 数据集中歌手音域为低音 2（Bass 2）及男高音 2（Tenor 2）的身高数据为例，利用 qq 函数生成比较两个分布的 QQ 图，如代码 6-22 所示，所得到的 QQ 图如图 6-20 所示。

代码 6-22　利用 qq 函数生成比较两个分布的 QQ 图

```
> qq(voice.part ~ height, aspect = 1, data = singer,
+   subset = (voice.part == "Bass 2" | voice.part == "Tenor 2"))
```

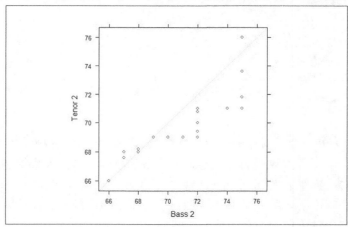

图 6-20　singer 数据集比较两个分布的 QQ 图

7. 箱线图

在 lattice 包中，绘制箱线图可以通过 bwplot 函数实现。以 singer 数据集为例，绘制箱线图，如代码 6-23 所示。

代码 6-23　绘制箱线图

```
> # 箱线图
> pic1 <- bwplot( ~ height | voice.part, data=singer, xlab="Height (inches)")
> pic2 <- bwplot(voice.part ~ height, data=singer, xlab="Height (inches)")
```

```
> plot(pic1, split = c(1, 1, 2, 1))
> plot(pic2, split = c(2, 1, 2, 1), newpage = FALSE)
```

运行代码 6-23，得到的箱线图如图 6-21 所示。图 6-21 的左图为将 voice.part 作为条件变量的栅栏箱线图，大致可以看出，男性歌手的身高整体会比女性歌手高。为更清晰地展示这一结论，将 voice.part 作为分组变量得到图 6-21 的右图。从图 6-21 的右图可以清晰地看到，不同类型的歌手的整体身高有以下规律：男低音大于男高音；男高音大于女低音；女低音大于女高音。

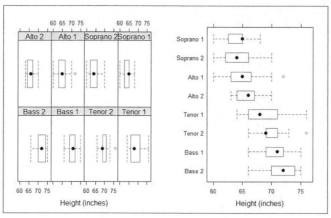

图 6-21　singer 数据集的箱线图

8. 散点图

散点图可用来描述两个连续型变量间的关系。在 lattice 包中， xyplot 函数可用于生成散点图。

利用 R 语言自带的 iris 鸢尾花数据集，以 Species 为条件变量，研究 Sepal.Length 与 Sepal.Width 两个变量间的关系，如代码 6-24 所示，得到的散点图如图 6-22 所示。

代码 6-24　绘制以 Species 作为条件变量的 iris 散点图

```
> xyplot(Sepal.Length~Sepal.Width|Species,data=iris)
```

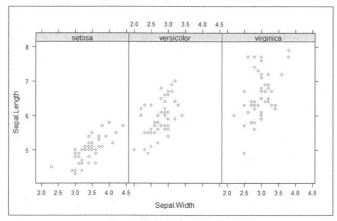

图 6-22　以 Species 作为条件变量的 iris 散点图

9. 散点矩阵图

在 lattice 包中，如果想将矩阵的多对变量生成散点图，则需要通过 splom 函数来实现。

以 iris 鸢尾花数据集为例，将鸢尾花种类（Species）为分组依据，画出变量 Sepal.Length、Sepal.Width、Petal.Length、Petal.Width 两两之间的散点矩阵图，如代码 6-25 所示，得到的散点矩阵图如图 6-23 所示。

代码 6-25　绘制散点矩阵图

```
> splom(iris[, 1:4], groups = iris$Species, pscales = 0, pch = 1:3, col = 1:3,
+        varnames = colnames(iris)[1:4],
key = list(columns = 3,
+        text = list(levels(iris$Species)), points = list(pch = 1:3, col = 1:3)))
```

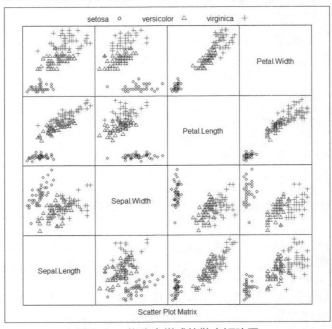

图 6-23　修改点样式的散点矩阵图

10. 三维水平图

若要在平面网格上绘制三维数据，则需对第 3 维的不同值用不同颜色来展示。这在 lattice 包中，可以通过 levelplot 函数实现。

以 MASS 扩展包中的 Cars93 数据集为例（该数据集是 1993 年美国的 93 辆汽车销售记录，共有 93 行 27 列），先利用 cor 函数求出 Cars93 数据集中数值型向量的相关系数，并利用 levelplot 函数画出水平图，通过 scales 函数将 x 轴的标签设置为垂直 x 轴摆放，如代码 6-26 所示，得到的三维水平图如图 6-24 所示。

代码 6-26　绘制三维水平图

```
> library(lattice)
> data(Cars93, package = "MASS")
```

```
> cor.Cars93 <-cor(Cars93[, !sapply(Cars93, is.factor)], use = "pair")
> levelplot(cor.Cars93, scales = list(x = list(rot = 90)))
```

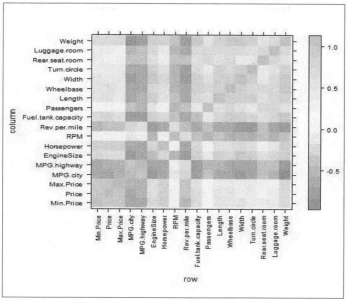

图 6-24　Cars93 数据集的三维水平图

11. 三维等高线图

如果用 lattice 包绘制等高线图，那么可以通过函数 contourplot 来实现。

以 volcano 数据集为例，绘制三维等高线图，如代码 6-27 所示，得到的图如图 6-25 所示。volcano 数据集是奥克兰火山区 50 多座火山之一的 Maunga Whau 每 $100m^2$ 的地形信息集合。

代码 6-27　绘制三维等高线图

```
> contourplot(volcano, cuts = 20)
```

在代码 6-27 中，contourplot 函数的 cuts 参数表示高度被划分的份数。

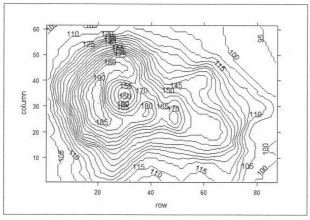

图 6-25　volcano 数据集的三维等高线图

12. 三维散点图

函数 cloud 可用来绘制三维空间的点（其实是将三维空间投影到二维空间）。

以 iris 鸢尾花数据集为例，绘制三维散点图，如代码 6-28 所示，得到的图如图 6-26 所示。

代码 6-28　绘制三维散点图

```
> par.set <-list(axis.line = list(col = "transparent"), clip = list(panel = "off"))
# 去除边框，不削减面板范围
> cloud(Sepal.Length ~ Petal.Length * Petal.Width, data = iris, groups = Species,
+     pch = 1:3,col= 1:3,    # 点颜色及样式
+     screen = list(z = 20, x = -70, y =0),  # 调节三维散点图的展示角度
+     par.settings = par.set,
+     scales = list(col = "black"),  # 加箭头指示
+     key=list(column=3, text=list(levels(iris$Species)),
+     points = list(pch = 1:3, col = 1:3)))
```

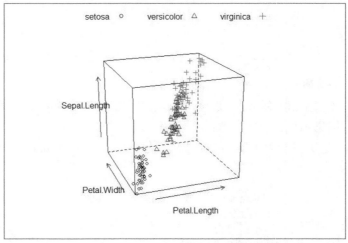

图 6-26　iris 的三维散点图

13. 三维曲面图

函数 wireframe 可用于绘制三维曲面图。绘制火山数据集 volcano 的三维曲面图的示例如代码 6-29 所示。

代码 6-29　绘制三维曲面图

```
# 去除边框，不削减面板范围
> par.set <-list(axis.line = list(col = "transparent"),
+    clip = list(panel = "off"))
> wireframe(volcano, shade = TRUE, par.settings = par.set, aspect = c(61/87, 0.4))
```

代码 6-29 中，wireframe 函数的参数 aspect 是一个长度为 2 的数值型向量，通常用于确认面板的纵横比，第一个数值变量为 y-size/x-size，第二个数值变量为 z-size/x-size。运行

代码 6-29，得到的三维曲面图如图 6-27 所示。

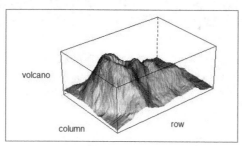

图 6-27　volcano 的三维曲面图

6.2　使用 ggplot2 包绘图

ggplot2 包是 Harley Wickham 在 2005 年创建的，是包含了一套全面而连贯的语法的绘图系统。它弥补了 R 语言中创建的图形缺乏一致性的缺点，且不会局限于一些已经定义好的统计图形，可以根据需要创造出任何有助于解决所遇到问题的图形。

ggplot2 的核心理念是将绘图与数据分离、将数据相关的绘图与数据无关的绘图分离，按图层绘图。本节将介绍使用 ggplot2 包创建一些独特而实用的图形的方法。

6.2.1　qplot 函数

ggplot2 包的绘图语言与常用的绘图函数的使用方法不同，但是，为了让读者快速使用 ggplot2 包，该包的作者 Hadley Wickham 提供了 qplot 函数（quick plot），让读者在了解 ggplot2 的语言逻辑之前就能迅速实现数据的可视化。qplot 函数的用法和 R 语言基础包的 plot 函数很相似，格式如下。

```
qplot(x, y = NULL, ..., data, facets = NULL, margins = FALSE, geom = "auto", stat
= list(NULL), position = list(NULL), xlim = c(NA,NA), ylim = c(NA, NA), log =
"", main = NULL, xlab = deparse(substitute(x)), ylab = deparse(substitute(y)),
asp = NA)
```

qplot 函数的参数说明如表 6-4 所示。

表 6-4　qplot 函数的参数说明

常见参数	描　　述
data	数据框（data.frame）类型；如果有这个参数，那么 x、y 的名称必须对应数据框中某列变量的名称
facets	图形/数据的分面，这是 ggplot2 绘图中的比较特殊的一个概念，它把数据按某种规则进行分类，每一类数据绘制一个图形，所以最终效果就是一页多图
geom	图形的几何类型（geometry），这又是 ggplot2 的绘图概念。ggplot2 用几何类型表示图形类别，例如，point 表示散点图、line 表示曲线图、bar 表示柱形图等
stat	图形的统计类型（statistics）。这个更加特殊，其直接将数据统计和图形结合。这是 ggplot2 强大的和受欢迎的原因之一

常见参数	描　　述
position	可对图形或者数据的位置进行调整。相同数据的几何对象位置相同，设置是放在一个位置相互覆盖还是用别的排列方式：dodge 为并排模式；fill 为堆叠模式，并归一化为相同的高度；stack 为纯粹的堆叠模式；jitter 会在 x 和 y 两个方向增加随机的扰动来防止对象之间的覆盖
margins	逻辑值，表示是否显示边界

　　此处使用 iris 鸢尾花数据集创建一个以物种种类为分组的花萼长度的箱线图。该箱线图的颜色依据不同的物种种类而变化，如代码 6-30 所示，得到的箱线图如图 6-28 所示。

代码 6-30　使用 qplot 函数绘制箱线图

```
> library(ggplot2)
> qplot(Species, Sepal.Length, data = iris, geom = "boxplot", fill = Species,
+     main = "依据种类分组的花萼长度箱线图")
```

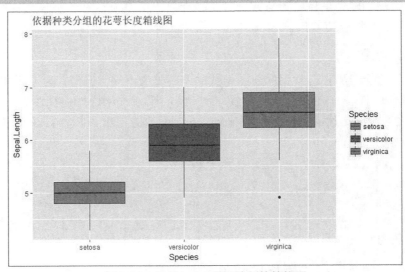

图 6-28　使用 qplot 函数绘制的箱线图

　　如果要利用 qplot 函数画出小提琴图，只需要将 geom 参数设置为"violon"，并添加扰动以减少数据重叠即可。使用 qplot 函数绘制小提琴图的示例如代码 6-31 所示，得到的小提琴图如图 6-29 所示。

代码 6-31　使用 qplot 函数绘制小提琴图

```
> qplot(Species, Sepal.Length, data = iris, geom = c("violin", "jitter"),
+     fill = Species,
main = "依据种类分组的花萼长度小提琴图")
```

　　此处以花萼长度和花萼宽度为例创建散点图，并利用颜色和符号形状区分物种种类，使用 qplot 函数绘制散点图的示例如代码 6-32 所示，得到的散点图如图 6-30 所示。

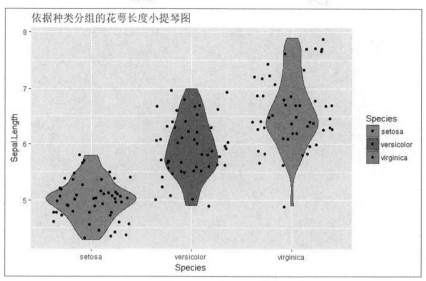

图 6-29　使用 qplot 函数绘制小提琴图

代码 6-32　使用 qplot 函数绘制散点图

```
> qplot(Sepal.Length, Sepal.Width, data = iris, colour = Species, shape = Species,
+     main = "绘制花萼长度和花萼宽度的散点图")
```

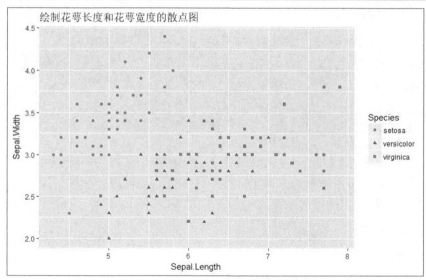

图 6-30　使用 qplot 函数绘制的散点图

可以使用 facets 参数绘制分面板散点图，并添加光滑曲线，相关示例如代码 6-33 所示，得到的散点图如图 6-31 所示。

代码 6-33　绘制分面板散点图

```
> qplot(Sepal.Length, Sepal.Width, data = iris, geom = c("point", "smooth"),
+     facets = ~Species,
colour = Species, main = "绘制分面板的散点图")
```

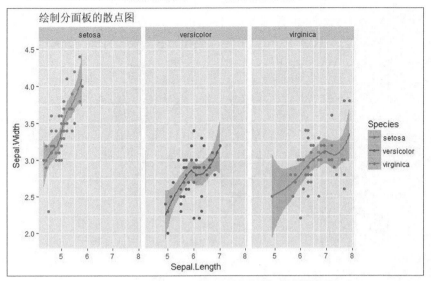

图 6-31　使用 qplot 函数绘制的分面板散点图

6.2.2　理解 ggplot2 包的语言逻辑

为了便于读者理解 ggplot2 包的语言逻辑，以绘制 iris 数据集中 Sepal.Length 与 Sepal.Width 的散点图为例，分别采用内置的 plot 函数与 ggplot2 包的 ggplot 函数绘制散点图，以对比理解 ggplot2 包的语言逻辑，如代码 6-34 所示。

代码 6-34　使用 plot 函数与 ggplot 函数绘制散点图

```
> plot(iris$Sepal.Length, iris$Sepal.Width)
> library(ggplot2)
> ggplot(data= iris, aes(x = Sepal.Length, y = Sepal.Width)) +  #绘制底层画布
+   geom_point(color = "darkred")  #在画布上添加点
```

从代码 6-34 可以发现，ggplot 的绘图有以下两个特点。

（1）有明确的起始（以 ggplot 函数开始）与终止（一句语句一幅图）。

（2）ggplot2 语句可以理解为一句语句绘制一幅图，然后进行图层叠加，而叠加是通过使用 "+" 号把绘图语句拼接起来而实现的。

6.2.3　ggplot 绘图

1．绘制画布

6.2.2 小节介绍到 ggplot 绘图有明确的开始，即以 ggplot 函数开始介绍。ggplot 函数的主要功能在于初始化一个 ggplot 对象，且不指定绘图内容，格式如下。

```
ggplot(data = NULL, mapping = aes(), ..., environment = parent.frame())
```

其中，data 指数据集，该数据集被指定为绘图环境，载入之后，就可以免去写大量的$符号来提取 data.frame 之中的向量的操作。当然，如果数据都是向量，也可不指定，但是要在声明中标注 data = NULL，否则会有不必要的报错。

数据与图形属性之间的映射关系称为 mapping。ggplot 对象的 data 项存储了整个数据框的内容，而 mapping 则确定如何使用这些数据。图形的可视属性如形状、颜色、透明度

等称为美学属性（或艺术属性），确定数据与美学属性之间的对应关系通常使用 aes 函数（qplot 函数中使用参数设置映射）。常见的图形属性有 x、y、size、color、group。

比如，当 data=iris 时，mapping=aes(x=Sepal.Length, y=Sepal.Width)表示将花萼长度作为 x 轴变量、将花萼宽度作为 y 轴变量。如果需要将 Species 映射到形状或者颜色属性，则可以添加参数 shape=Species 或者 colour=Species。

此时，通过 ggplot 函数绘制好了底层画布，如代码 6-35 所示，然后需要通过 "+" 连接下一层图层。iris 数据集中 Sepal.Length 与 Sepal.Width 的散点图如图 6-32 所示。

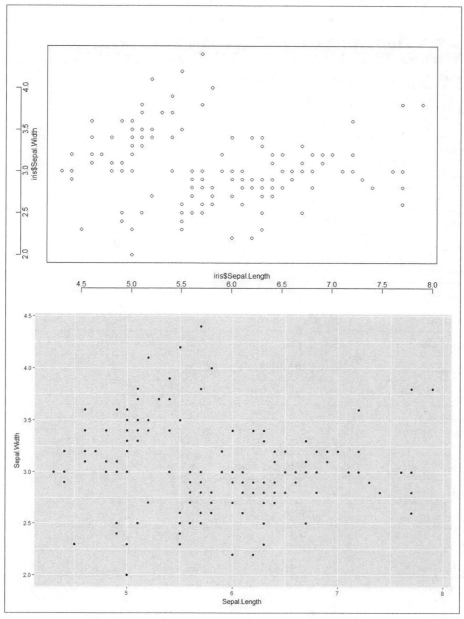

图 6-32　iris 中 Sepal.Length 与 Sepal.Width 的散点图

代码 6-35 使用 ggplot 函数绘制底层画布

```
> ggplot(data = iris, aes(x = Sepal.Length, y = Sepal.Width, colour = Species,
+    shape = Species))  # 底层画布
```

除了数据与映射外，一个图层还应该至少包含 geom、stat 和 position 这 3 个图形属性。

2. 几何对象

几何对象简单来说就是采用的展示数据的图形类型，如散点图、条形图等。ggplot2 包提供了众多的图形类型供读者调用。ggplot2 中的几何对象函数如表 6-5 所示。

表 6-5 ggplot2 包的几何对象函数

几何对象函数	描述
geom_abline	线，由斜率和截距指定
geom_area	面积图
geom_bar	条形图
geom_bin2d	二维封箱的热图
geom_blank	空的几何对象，什么也不画
geom_boxplot	箱线图
geom_contour	等高线图
geom_crossbar	Crossbar 图（类似于箱线图，但没有触须和极值点）
geom_density	密度图
geom_density2d	二维密度图
geom_errorbar	误差线（通常添加到其他图形上，如柱状图、点图、线图等）
geom_errorbarh	水平误差线
geom_freqploy	频率多边形（类似于直方图）
geom_hex	六边形图（通常用于六边形封箱）
geom_histogram	直方图
geom_hline	水平线
geom_jitter	点，自动添加了扰动
geom_line	线
geom_linerange	区间，用竖直线表示
geom_path	几何路径，由一组点按顺序链接
geom_point	点
geom_pointrange	一条垂直线，线的中间有一个点（与 Crossbar 图和箱线图有关）
geom_polygon	多边形

续表

几何对象函数	描　述
geom_quantile	一组分位数线（来自分位数回归）
geom_rect	二维的长方形
geom_ribbon	彩虹图
geom_rug	触须
geom_segment	线段
geom_smooth	平滑的条件均值
geom_step	阶梯图
geom_text	文本
geom_tile	瓦片（即一个个的小长方形或多边形）

若要在画布上绘制散点图，则只需在"+"后面添加函数 geom_point 即可，如代码 6-36
所示，得到的散点图如图 6-33 所示。

代码 6-36　在画布上绘制散点图

```
> ggplot(data = iris, aes(x = Sepal.Length, y = Sepal.Width, colour = Species,
+     shape = Species)) +  # 底层画布
+     geom_point( aes(x = Sepal.Length, y = Sepal.Width, colour = Species,
+     shape = Species))
```

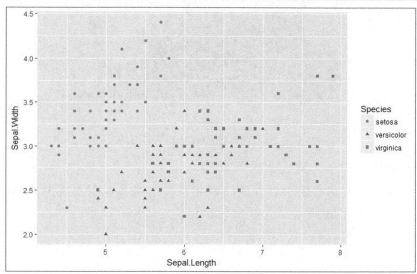

图 6-33　利用 ggplot 函数绘制的散点图

代码 6-37 的运行结果同代码 6-36。但是需要注意的是，如果将数据定义在 ggplot 函数
中，那么所有图层都可以共用这个数据；如果将数据定义在 geom_point 函数中，那么这个
数据就只供这个几何对象使用。

代码 6-37　数据定义在 geom_point 函数中

```
> # 以下程序实现效果同代码 6-36
> ggplot(data = iris) +  # 底层画布
+     geom_point(aes(x = Sepal.Length, y = Sepal.Width, colour = Species,
+     shape = Species))
```

3. 统计变换

统计类型 stat 是指对数据所应用的统计类型/方法，而代码 6-36 没有指定统计类型，但是自动获得了 identity，因为 ggplot2 为每一种几何类型都指定了一种默认的统计类型，反之亦然。所以如果仅指定 geom 或 stat 中的一个，则另外一个会自动获取。需要注意的是，stat_identity 表示不做任何的统计变换。

代码 6-38 中的两种方式的运行结果是一样的，所得到的图形如图 6-34 所示。

代码 6-38　指定 geom 或 stat 中的一个参数

```
> ggplot(iris) +
+ geom_bar(aes(x=Sepal.Length), stat="bin", binwidth = 0.5)
> ggplot(iris) +
+ stat_bin(aes(x=Sepal.Length), geom="bar", binwidth = 0.5)
```

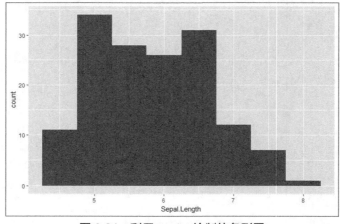

图 6-34　利用 ggplot 绘制的条形图

4. 标尺设置

aes 函数设定了数据与图形属性的映射关系，但是数据怎么映射为属性则是标尺（Scales）的功能。对于任何一个图形属性，如 x、y、alpha、color、fill、linetype、shape、size 等，ggplot2 都提供以下 4 种标尺。

（1）scale_*_continuous：将数据的连续取值映射为图形属性的取值。

（2）scale_*_discrete：将数据的离散取值映射为图形属性的取值。

（3）scale_*_identity：将数据的值作为图形属性的取值。

（4）scale_*_mannual：将数据的离散取值作为手工指定的图形属性的取值。

随机从 iris 数据集的 150 个样本中抽取 100 个样本，并绘制条形图以反映 100 个样本中各个鸢尾花种类的数量情况，然后通过修改标尺参数做前后对比图，进而让读者理解标尺在 ggplot2 包中的作用。相关代码如代码 6-39 所示，得到的图形如图 6-35 和图 6-36 所示。

代码 6-39　绘制修改标尺参数的前后对比图

```
> set.seed(1234)  # 设置随机种子
> my_iris <- iris[sample(1:150, 100, replace = FALSE),]  # 随机抽样
> p <- ggplot(my_iris) + geom_bar(aes(x = Species, fill = Species))
> p  # 修改标尺参数前的图
> p$scales  # 查看 p 的标尺参数
<ggproto object: Class ScalesList>
    add: function
    clone: function
    find: function
    get_scales: function
    has_scale: function
    input: function
    n: function
    non_position_scales: function
    scales: list
    super:  <ggproto object: Class ScalesList>
> p + scale_fill_manual(
+    values = c("orange", "olivedrab", "navy"),  # 颜色设置
+    breaks = c("setosa", "versicolor", "virginica"),  # 图例和轴要显示的分段点
+    name = "my_Species",  # 图例和轴使用的名称
+    labels = c("set", "ver", "vir")  # 图例使用的标签
+    )  # 修改标尺参数后的图
```

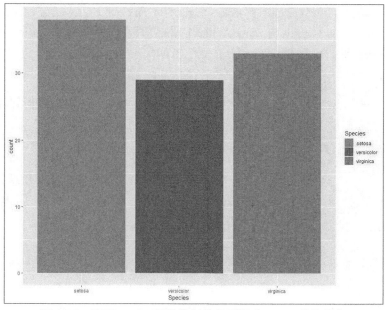

图 6-35　利用 ggplot 函数绘制的条形图（scales 修改前）

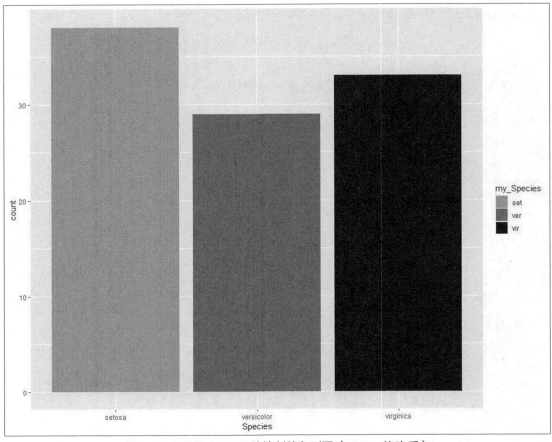

图 6-36　利用 ggplot 函数绘制的条形图（scales 修改后）

可以使用 scale_color_manual 函数或 scale_color_brewer 函数修改图形的颜色。比如，对 iris 数据集中的 Sepal.Length 与 Sepal.Width 的散点图分别使用 scale_color_manual 函数或 scale_color_brewer 函数两种方法修改图形颜色，如代码 6-40 所示，得到的结果如图 6-37 和图 6-38 所示。

代码 6-40　使用 scale_color_manual 或 scale_color_brewer 函数修改图形的颜色

```
> # 图一：使用 scale_color_manual 函数
> ggplot(iris, aes(x = Sepal.Length, y = Sepal.Width, colour = Species))+
+ scale_color_manual(values = c("orange", "olivedrab", "navy"))+
+ geom_point(size = 2)
> # 图二：使用 scale_color_brewer 函数
> ggplot(iris,aes(x = Sepal.Length, y = Sepal.Width, colour = Species))+
+ scale_color_brewer(palette = "Set1")+
+ geom_point(size=2)
```

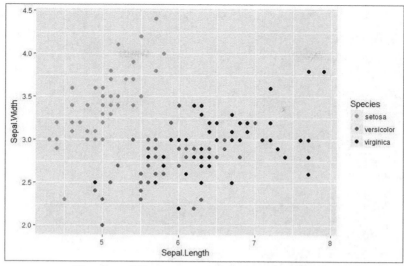

图 6-37　利用 scale_color_manual 函数修改颜色

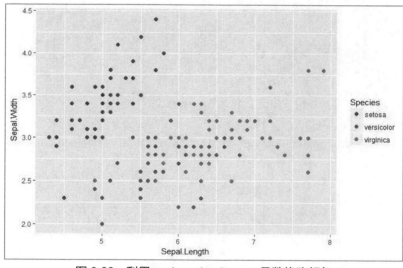

图 6-38　利用 scale_color_brewer 函数修改颜色

5. 坐标系转换

ggplot2 默认的坐标系是笛卡儿坐标系，可以用如下方法实现指定取值范围：coord_cartesian(xlim=c(0,5), ylim=c(0, 3))。如果需要让 x 轴和 y 轴换位置，则可以使用 coord_flip 函数。coord_polar(theta="x", start=0, direction=1)是角度坐标系，其中，theta 指定角度对应的变量；start 指定起点离 12 点钟方向的偏离值；若 direction 为 1，则表示顺时针方向，若为–1 则表示逆时针方向。

以代码 6-39 所抽取的 my_iris 数据集为例，绘制坐标变换前后的图形，如代码 6-41 所示，所得的图形如图 6-39 ~ 图 6-43 所示。

代码 6-41　绘制坐标变换前后的图形

```
> # 饼图 = 堆叠长条图 + polar coordinates
```

```
> pie <- ggplot(my_iris, aes(x = factor(1), fill = Species))+
+  geom_bar(width = 1)
> pie + coord_polar(theta = "y")
> # 靶心图 = 饼图 + polar coordinates
> pie + coord_polar()
> # 锯齿图 = 柱状图 + polar coordinates
> cxc <- ggplot(my_iris, aes(x = Species))+
+  geom_bar(width = 1, colour = "black")
> cxc + coord_polar()
```

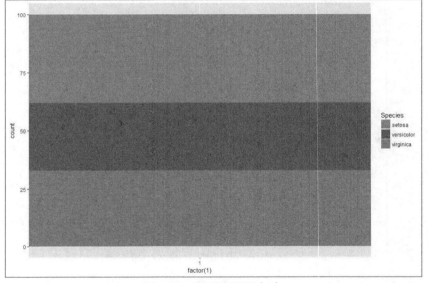

图 6-39　得到的图形（1）

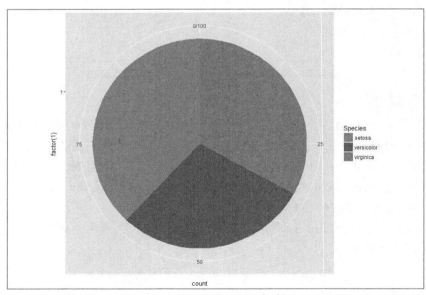

图 6-40　得到的图形（2）

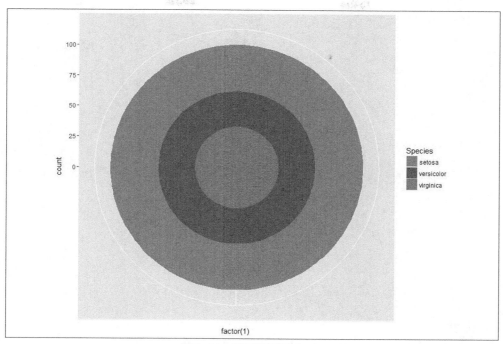

图 6-41　得到的图形（3）

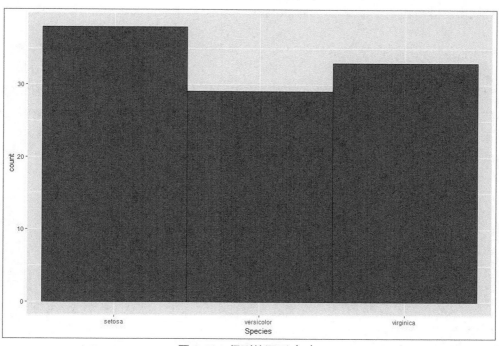

图 6-42　得到的图形（4）

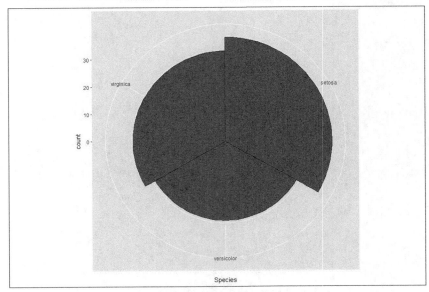

图 6-43　得到的图形（5）

6. 分面

分面就是分组绘图，即根据定义的规则将数据分为多个子集，每个子集按照统一的规则单独制图，排布在一个页面上。ggplot2 提供两种分面函数：facet_grid 函数和 facet_wrap 函数。

（1）facet_grid 函数

facet_grid 函数的格式如下。

```
gather(data, key, value, ..., na.rm = FALSE, convert = FALSE, factor_key = FALSE)
```

注意：facet_grid 函数是一个二维的矩形布局，每个子集的位置由行位置变量与列位置变量决定。在代码 6-42 中，facet_grid 函数以一个 Species 的取值作为一列，将一个 feature_name 的取值作为一行，绘图结果如图 6-44 所示。

代码 6-42　利用 facet_grid 函数进行分面

```
> library(ggplot2)
> library(tidyr)
> library(dplyr)
> my_iris1 <- iris %>% gather(feature_name, feature_value,
+   one_of(c("Sepal.Length", "Sepal.Width", "Petal.Length",
+   "Petal.Width")))  # 数据变换
> ggplot(my_iris1)+
+ geom_violin(aes(x = Species, y = feature_value)) +  # 绘制小提琴图
+ facet_grid(feature_name ~ Species, scales = "free")  # 分面
```

（2）facet_wrap 函数

facet_wrap 函数的格式如下。

```
facet_wrap(facets, nrow = NULL, ncol = NULL, scales = "fixed", shrink = TRUE,
```

```
labeller = "label_value", as.table = TRUE, switch = NULL, drop = TRUE, dir = "h",
strip.position = "top")
```

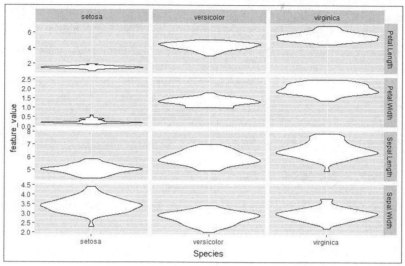

图 6-44　利用 facet_grid 函数进行分面的结果

facet_wrap 函数会生成一个动态调整的一维布局，根据 "~位置变量 1+位置变量 2+⋯" 来确定每个子集的位置，先逐行排列，放不下了再移到下一行。

以代码 6-42 处理过的 my_iris1 数据集作为介绍对象，运行代码 6-43，得到图 6-45 所示的结果。

代码 6-43　利用 facet_wrap 函数进行分面

```
> ggplot(my_iris1)+
+   geom_violin(aes(x = Species, y = feature_value))+
+   facet_wrap(~ feature_name + Species, scales = "free")
```

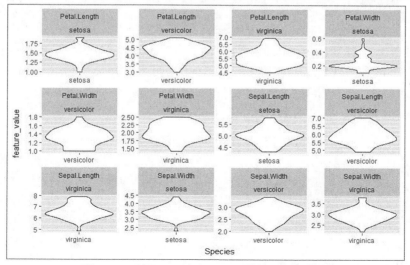

图 6-45　利用 facet_wrap 函数进行分面的结果

7. 保存图形

ggplot2 包提供了 ggsave 函数进行图形保存，格式如下。

```
ggsave(filename,width,height,...)
```

其中，filename 为保存的文件名与路径，width 指图像宽度，height 指图像高度。

例如，在当前工作目录下生成一个名为 mygraph 的 PDF 图形，如代码 6-44 所示。

代码 6-44　生成 PDF 图形

```
> ggplot(iris, aes(x = Sepal.Length, y = Sepal.Width, colour = Species))+
+ geom_point(size = 2)
> ggsave(file = "mygraph.pdf", width = 5, height = 4)
```

6.3　认识交互式绘图工具

第 5 章、第 6 章的 6.1 节和 6.2 节的可视化结果都是一个静态的图形，所有信息都一目了然地放在一张图上。静态图形适合于纸质媒介，而在网络时代，动态的、交互的图形更有优势。在 R 语言的环境中，动态交互图形的优势在于能和 knitr、shiny 等框架整合在一起，能迅速建立一套可视化原型系统。

6.3.1　使用 rCharts 包生成网页动态图片

可直接在 R 中生成基于 D3 的 Web 页面。

由于 rCharts 包还处于开发状态，目前存放在 github 代码库中，所以需要特别的安装加载方式。安装此包前，需先安装几个包：Rcurl、RJSONIO、whisker、yaml、httpuv、devtools。

rCharts 包的安装代码如代码 6-45 所示。

代码 6-45　rCharts 包的安装

```
> install.packages('devtools')
> require(devtools)
> install_github('ramnathv/rCharts')
```

rCharts 包的绘图函数与 lattice 包的绘图函数一样，通过 formula、data 指定数据源和绘图方式，并通过 type 指定图表类型。这里以 iris 鸢尾花数据集为例介绍 rPlot 函数工作原理：首先通过 name 函数对列名进行重新赋值（去掉单词间的点），然后利用 rPlot 函数绘制散点图（type="point"），并利用颜色进行分组（color="Species"）。利用 rPlot 函数绘制散点图的示例如代码 6-46 所示，得到的散点图如图 6-46 所示。

代码 6-46　利用 rPlot 函数绘制散点图

```
> library(rCharts)
> names(iris) = gsub("\\.", "", names(iris))
> rPlot(SepalLength ~ SepalWidth | Species, data = iris,
+   color = 'Species', type = 'point')
```

rCharts 支持多个 JavaScript 图表库，每个都有自己的优点。每一个图表库都有多个定制选项，其中大部分 rCharts 都支持。

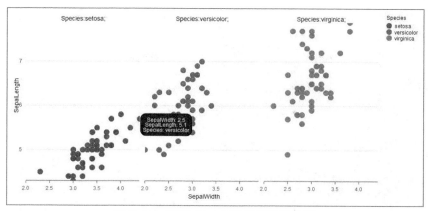

图 6-46 利用 rPlot 函数绘制的散点图

1. nPlot 函数

NVD3 是一个旨在建立可复用的图表和组件的 d3.js 项目。它提供了同样强大的功能，更容易使用。它可以处理复杂的数据集来实现更高级的可视化功能，这在 rCharts 包中可通过 nPlot 函数来实现。

这里以眼睛和头发颜色的数据（HairEyeColor）为例介绍 nPlot 绘图的基本原理：按照眼睛的颜色进行分组（group="eye"），为各头发颜色按人数绘制柱状图，并将类型设置为柱状图组合方式（type="multiBarChart"），这样可以实现分组和叠加效果，如代码 6-47 所示，得到的交互分组柱状图如图 6-47 所示。

代码 6-47　绘制交互分组柱状图

```
> hair_eye_male<-subset(as.data.frame(HairEyeColor), Sex == "Male")
> hair_eye_male[, 1] <- paste0("Hair", hair_eye_male[, 1])
> hair_eye_male[, 2] <- paste0("Eye", hair_eye_male[, 2])
> nPlot(Freq ~ Hair, group = "Eye", data = hair_eye_male, type = "multiBarChart")
```

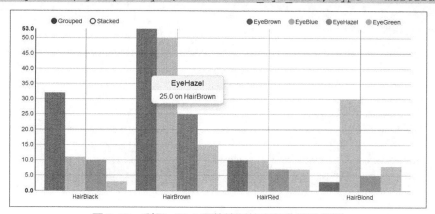

图 6-47 利用 nPlot 函数绘制的交互分组柱状图

可以通过图 6-47 右上角的 EyeGreen 等参数选择需要查看或隐藏的类别（默认是显示全部类别），也可以通过图 6-47 左上角的 Grouped 等参数选择柱子是按照分组方式还是叠加的方式进行摆放（默认是分组方式）。如果选择 Stacked，就会绘制叠加柱状图，如图 6-48 所示。

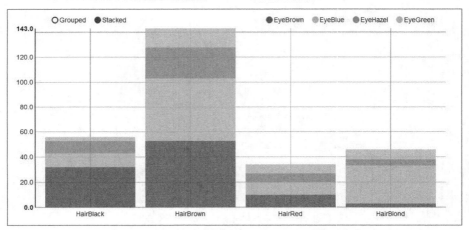

图 6-48　利用 nPlot 函数绘制的交互叠加柱状图

2. hPlot 函数

Highcharts 是一个制作图表的纯 JavaScript（简称 JS）类库，支持大部分的图表类型：直线图、曲线图、区域图、区域曲线图、柱状图、饼状图、散布图等。这在 rCharts 包中用 hPlot 函数来实现。

这里以 MASS 包中的 survery 学生调查数据集为例，介绍 hPlot 绘图的基本原理。这里绘制学生身高和每分钟脉搏跳动次数的气泡图，以年龄作为调整气泡大小的变量，如代码 6-48 所示，得到的图如图 6-49 所示。

代码 6-48　绘制交互气泡图

```
> a <- hPlot(Pulse ~ Height, data = MASS::survey, type = "bubble",
+   title = "Zoomdemo", subtitle = "bubblechart", size="Age", group="Exer")
> a$colors('rgba(223, 83, 83, 0.5)', 'rgba(119, 152, 191, 0.5)',
+   'rgba(60, 179, 113, 0.5)')
> a$chart(zoomType = "xy")
> a$exporting(enabled = T)
> a
```

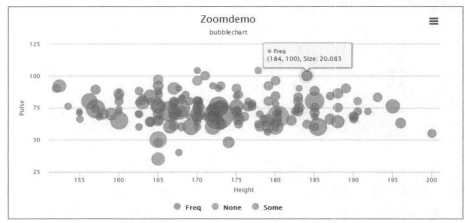

图 6-49　利用 hPlot 函数绘制的交互气泡图

3. mPlot 函数

Morris.js 是一个轻量级的 JS 库，能绘制漂亮的时间序列图，包括线图、柱图、区域图、圆环图。这在 rCharts 包中，通过 mPlot 函数实现。

这里以 ggplot2 包中的 economics 美国经济时间序列数据集为例，介绍 mPlot 函数绘图的基本原理，如代码 6-49 所示，得到的时间序列图如图 6-50 所示。

代码 6-49 利用 mPlot 函数绘制时间序列图

```
> data(economics, package = 'ggplot2')
> dat <- transform(economics, date = as.character(date))
> p1 <- mPlot(x = "date", y = list("psavert", "uempmed"), data = dat, type = 'Line',
+         pointSize = 0, lineWidth = 1)
> p1
```

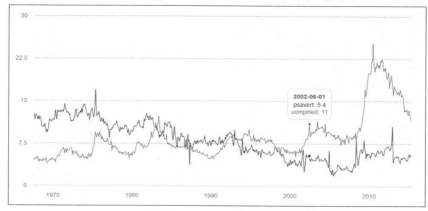

图 6-50 利用 mPlot 函数绘制的时间序列图

可以将时间序列图转换成面积图，如代码 6-50 所示，得到的结果如图 6-51 所示。

代码 6-50 将时间序列图转换成面积图

```
> p1$set(type = "Area")
> p1
```

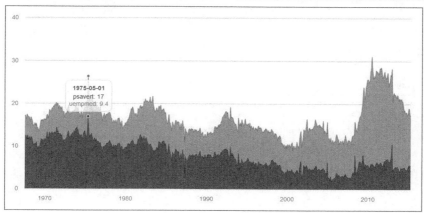

图 6-51 将时间序列图转换成面积图的结果

6.3.2 利用 googleVis 包实现数据动态可视化

googleVis 是一种提供了 R 和 Google Visulization API 之间接口的 R 包。它允许不上传数据到 Google（谷歌）就可以使用 Google Visulization API 对数据进行可视化处理，且在默认参数状态下，输出的商务式图表和图表的元素具备强大的地图功能，可以很容易地创建专业、美观的图表。googleVis 输出的 HTML 格式的图表很容易嵌入 kintr，并能发布到网页或生成动态报告。googleVis 也可以结合 shiny 制作企业 BI 产品。

googleVis 的缺点是必须联网才能调用到图形结果，部分谷歌的功能需要服务器的支持。

通过 install.packages("googleVis")命令，可在完成包的安装后对 googleVis 自带的数据集 Fruit 利用 gvisMotionChart 函数实现功能强大的交互图，相关示例如代码 6-51 所示，得到的交互图如图 6-52 所示。

代码 6-51　利用 googleVis 包绘制交互图

```
> # googleVis 包
> install.packages('googleVis')
> library(googleVis)
> M1 <- gvisMotionChart(Fruits, idvar = "Fruit", timevar = "Year")
> plot(M1)
> print(M1) # 查看代码，把此代码插入网页中即可
> cat(M1$html$chart, file = "m.html") # 通过本地打开文件查看可视化效果
```

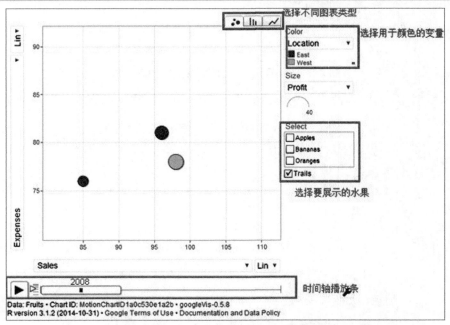

图 6-52　利用 googleVis 包绘制的交互图

6.3.3 利用 htmlwidgets 包实现绘图的网页化分享

htmlwidgets 包是一个专为 R 语言打造的可视化 JS 库，只需要编写几行 R 语言代码便可生成交互式的可视化页面。目前，有些基于 htmlwidgets 制作的 R 包可供直接调用，具体

名称及对应的功能描述如表 6-6 所示。

表 6-6　基于 htmlwidgets 制作的 R 包及相关功能描述

R 包的名称	功能描述
leaflet	互动地图，与 OpenStreetMap、Mapbox、CartoDB 地图互动
dygraphs	时间序列可视化
plotly	交互式可视化，可以将 ggplot2 图形转换成交互式的图形
highcharter	highchartersJS 图形库的 R 接口
visNetwork	基于 vis.js 网络可视化
networkD3	基于 D3JS 网络可视化
d3heatmap	与 D3 交互的热图
DT	交互式数据表格
rthreejs	交互式 3D 图形
rglwidget	提供 WebGL 场景
DiagrammeR	创建流程图的工具
metricsgraphics	MetricsGraphics.js 的 htmlwidgets 接口

1. leaflet 包

leaflet 包是最受欢迎的交互地图可视化的开源 JavaScript 库之一。这个 R 包很容易控制，且使用 LeafletJS 库。它可以交互式地平移/缩放，可使用任意的地图组合。

此处使用 leaflet 在 OpenStreetMap 地图上标记 R 语言的诞生地——新西兰奥克兰大学，其中，OpenStreetMap 地图是 leaflet 默认使用的地图，如代码 6-52 所示，得到的交互地图如图 6-53 所示。这时可对地图进行放大、缩小操作。

代码 6-52　利用 leaflet 函数绘制交互地图

```
> library(leaflet)
> leaflet()%>%
+ addTiles()%>%
+ addMarkers(lng=174.768,lat=-36.852,popup="ThebirthplaceofR")
```

2. dygraphs 包

dygraphs 包是一个开源的 JavaScript 库，可以产生一个可交互式的、可缩放的时间序列图，对大型数据集尤其适用。dygraphs 包可以实现 DygraphsJS 库中交互的时序图，以及高度可配置的轴和系列显示、丰富的互动功能、上下区域显示（如置信带）、各种图形覆盖（如阴影、注释等）等功能，是 R 语言中绘制时间序列图的选择之一。

这里以基础包中的数据集 mdeaths 和 fdeaths 为例，利用 dygraphs 函数绘制交互时序图，这两个数据集分别记录了 1974—1979 年英国男性和女性患肺病死亡的人数，如代码 6-53 所示，得到的图如图 6-54 所示。

图 6-53 利用 leaflet 函数绘制的交互地图

代码 6-53 利用 dygraphs 函数绘制交互时序图

```
> library(dygraphs)
> lungDeaths <- cbind(mdeaths, fdeaths)
> dygraph(lungDeaths)
```

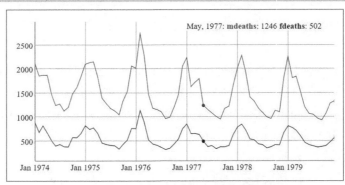

图 6-54 利用 dygraphs 函数绘制的交互时序图

3. plotly 包

plotly.js 是开源的 JavaScript 图表库，其中有 20 种图表类型，包括 3D 图表、统计图表和 SVG（Scalable Vector Graphics，可缩放矢量图形）地图。plotly 是基于 plotly.js 创建交互式 Web 图表的 R 包。plotly 还可以很轻松地将 ggplot2 图形转换成具有交互式效果的图形。

这里以 iris 数据集为例，利用 plotly 包中的 plot_ly 函数绘制交互散点图，如代码 6-54 所示，得到的交互散点图如图 6-55 所示。

代码 6-54 利用函数 plot_ly 函数绘制交互散点图

```
> library(plotly)
> pal <- RColorBrewer::brewer.pal(nlevels(iris$Species), "Set1")
> plot_ly(data = iris, x = ~Sepal.Length, y = ~Petal.Length, color = ~Species,
+        colors = pal, mode = "markers")
```

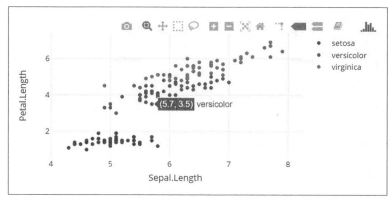

图 6-55 利用函数 plot_ly 绘制的交互散点图

下面展示如何利用 plotly 包将 ggplot2 图形转换成具有交互式效果的图形。首先将 ggplot2 所绘制图形存储为图形对象，然后用 ggplotly 函数将其转换成交互式图形。这里以 iris 鸢尾花数据集为例，如代码 6-55 所示，转换的交互散点图如图 6-56 所示。

代码 6-55　将 ggplot2 图形转换为交互散点图

```
> p <- ggplot(iris, aes(x = Sepal.Length, y = Petal.Length, colour = Species))+
+  scale_color_brewer(palette = "Set1")+
+  geom_point()
> ggplotly(p)
```

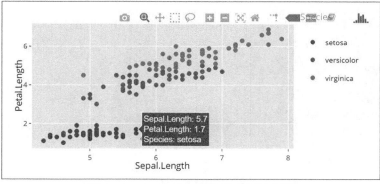

图 6-56　由 ggplot2 转换的交互散点图

4．DT 包

DT 包有助于 R 数据对象在 HTML 页面中实现过滤、分页、排序及其他许多功能。DT 包通过 install.packages("DT")命令安装。

这里以 iris 鸢尾花数据集为例，如代码 6-56 所示，得到的交互数据表格如图 6-57 所示。

代码 6-56　利用 DT 包得到交互数据表格

```
> library(DT)
> datatable(iris)
```

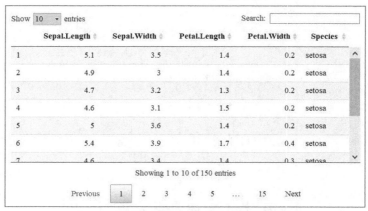

图 6-57　利用 DT 包得到的交互数据表格

从图 6-57 可知，iris 鸢尾花数据集一共有 150 条记录，共有 15 页，可通过右下角的选项进行翻页；默认每页显示 10 条记录，可以通过左上角的下拉列表框选择每页的显示样本数；还可以实现排序等功能。

5．networkD3 包

networkD3 包可实现 D3JavaScript 的网络图，可通过 install.packages("networkD3")命令安装。下面通过两个例子展示 networkD3 包绘制网络图的交互效果。

首先以绘制一个简单的网络图为例，如代码 6-57 所示，得到的简单网络图如图 6-58 所示。

代码 6-57　利用 simpleNetwork 函数绘制简单网络图

```
> library(networkD3)
> src <- c("A","A","A","A","B","B","C","C","D")
> target <- c("B","C","D","J","E","F","G","H","I")
> networkData <- data.frame(src, target)
> simpleNetwork(networkData, zoom = T)
```

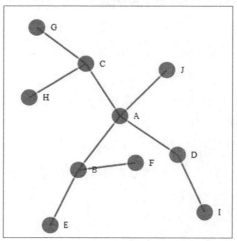

图 6-58　利用 simpleNetwork 函数绘制的简单网络图

再以利用 forceNetwork 函数绘制力导向图为例,如代码 6-58 所示,得到的力导向图如图 6-59 所示。力导向算法会假设不同的点是空间的球体,任意球之间都具有引力和斥力,通过力的相互作用,最终达到一种平衡。若拖动图中的任意结点,那么整个网络就会被拖动,并达到新的平衡。

代码 6-58　利用 forceNetwork 函数绘制力导向图

```
> data(MisLinks)
> data(MisNodes)
> forceNetwork(Links = MisLinks, Nodes = MisNodes, Source = "source",
+          Target = "target", Value = "value", NodeID = "name",
+          Group = "group", opacity = 0.8)
```

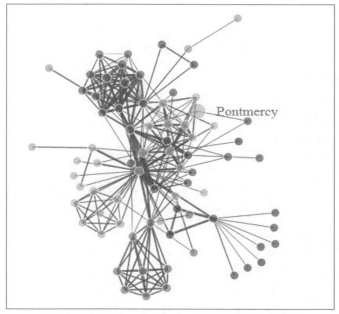

图 6-59　利用 forceNetwork 函数绘制的力导向图

6.3.4　利用 shiny 包实现可交互的 Web 应用

shiny 是 R 语言中的一种 Web 开发框架,使得 R 语言的使用者在不必太了解 CSS、JS 的情况下,只需要了解一些 HTML 的知识就可以快速完成 Web 开发。另外,shiny 包集成了 bootstrap、jQuery、ajax 等特性,极大地解放了作为统计语言的 R 语言的生产力,使得非传统的语言使用者不必依赖于前端及后端工程师就可以自己依照业务完成一些简单的数据可视化工作,快速验证想法的可靠性。

shiny 应用包含两个基本的组成部分:一个是用户界面脚本,另一个是服务器脚本。用户界面(UI)脚本控制应用的布局与外表,其定义在一个称作 ui.R 的源脚本中。服务器(Server)脚本包含构建应用所需要的一些重要指示,其定义在一个称作 server.R 的源脚本中。shiny 应用的基本结构如图 6-60 所示。

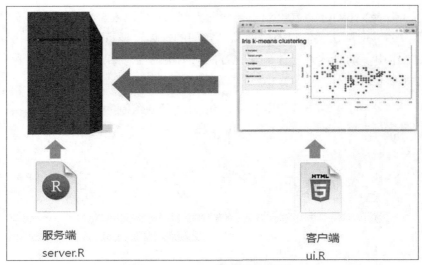

图 6-60   shiny 应用的基本结构

其中，ui.R 脚本使用 shinyUI 宣布用户界面定义，使用函数 fluidPage 显示用户浏览器窗口。fluidPage 函数通过设置元素 titlePanel 和 sidebarLayout 来对标题和页面图形进行布局，其中，sidebarLayout 包括网页侧栏输入设置和主面板输出两部分界面；sidebarPanel 定义侧栏的控制选项；mainPanel 定义主面板，存储主要输出结果。

执行 ui.R，如代码 6-59 所示，可得到一个基本的网页界面布局，如图 6-61 所示。

代码 6-59   得到一个基本的网页界面布局

```
> library(shiny)
> shinyUI(fluidPage(
+   titlePanel("title panel"),
+   sidebarLayout(
+     sidebarPanel( "sidebar panel"),
+     mainPanel("main panel")
+   )
+ ))
```

图 6-61   利用 shiny 包构建的网页界面布局

server.R 脚本使用 shinyServer 宣布服务脚本函数的定义。这里使用一个未定义的函数来放置 R 代码，函数包括了 input 和 output 两个参数。其中，input 和 output 是两个列表，input 定义 ui.R 中控制元件的输入参数，output 定义 ui.R 中的输出结果。执行 sever.R，如代码 6-60 所示，可得到一个简单的直方图，如图 6-62 所示。

代码 6-60　得到一个简单的直方图

```
> library(shiny)
> shinyServer(function(input, output) {
+   output$distPlot <- renderPlot({
+     x <- faithful[, 2]
+     bins <- seq(min(x), max(x), length.out = input$bins + 1)
+     hist(x, breaks = bins, col = 'darkgray', border = 'white')
+   })
+ })
```

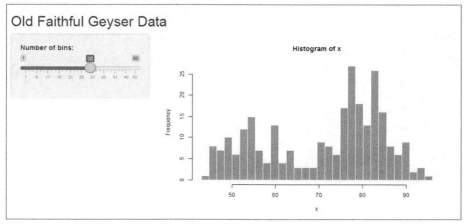

图 6-62　得到的直方图

相应的 ui.R 代码如代码 6-61 所示。

代码 6-61　得到一个简单的直方图所对应的 ui.R 代码

```
> library(shiny)
> shinyUI(fluidPage(
+   titlePanel("Old Faithful Geyser Data"),
+   sidebarLayout(
+     sidebarPanel(
+     sliderInput("bins", "Number of bins:", min = 1,max = 50,value = 30)),
+     mainPanel(
+     plotOutput("distPlot")))))
```

　　每一个应用都需要有自己独特的存放位置，可以在一个目录中保存一个 ui.R 文件和 server.R 文件来创建一个 shiny 应用。运行应用的方法是在函数 runApp 中输入目录名称。若应用目录名称为 myapp，且放在 D 盘目录下，那么输入代码 6-62 就可以运行应用。

代码 6-62　运行应用

```
> library(shiny)
> runApp("D:/myapp")
```

代码 6-62 运行完成后自动生成一个网页展示结果。也可以将 UI 和 Server 的代码写在一个脚本内，通过 shinyApp 执行该 App。运行脚本（如代码 6-63 所示）将得到一个简单的 Web 版直方图，如图 6-63 所示。

代码 6-63　得到一个简单的 Web 版直方图

```
> library(shiny)
> ui <- fluidPage(
+   numericInput(inputId = "n", "Samplesize", value = 25),
+   plotOutput(outputId = "hist")
+   )
> server <- function(input, output){
+   output$hist <- renderPlot({
+     hist(rnorm(input$n))
+   })
+ }
> shinyApp(ui = ui, server = server)
```

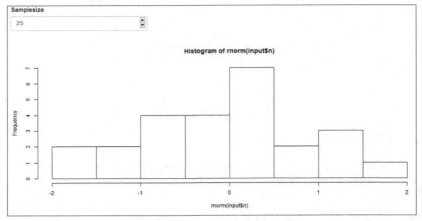

图 6-63　得到的 Web 版直方图

shinydashboard 扩展包为 shiny 框架提供了 BI 框架（BI 框架即智能框架，一般包括数据层、业务层和应用层 3 层，从而展示从数据抽取、数据挖掘到数据可视化展示的完整流程）。一个 dashboard 由 3 部分组成：标题栏、侧边栏、主面板。通过 install.packages ("shinydashboard")命令完成安装，并得到 shinydashboard 的基本框架，如代码 6-64 所示，结果如图 6-64 所示。

代码 6-64　得到 shinydashboard 的基本框架

```
> install.packages('shinydashboard')
> library(shiny)
```

```
> library(shinydashboard)
> ui<-dashboardPage(
+   dashboardHeader(),
+   dashboardSidebar(),
+   dashboardBody()
+ )
> server<-function(input, output){}
> shinyApp(ui, server)
```

图 6-64　shinydashboard 的基本框架

　　接下来，将本章学到的高级绘图工具结合 Shinyweb 开发框架，一步步搭建数据可视化平台 demo。先创建新文件夹 myapp，并在 myapp 文件夹里面创建两个脚本，即 ui.R 和 server.R，用来存放客户端和服务端的脚本。

　　可以将 UI 和 Server 的代码写在一个脚本内，通过 shinyApp 执行该脚本。对于 lattice 包和 ggplot2 绘制的图形，在 server.R 中用 renderPlot 函数将图形赋予输出对象 mygraph，并在 ui.R 中用 plotOutput("mygraph") 将图形输出到 Web 中，形式如下。

```
#server.R#
Output$mygraph <- renderPlot({
  graph_function(formula, data=, ...)
})
#ui.R#
plotOutput('mygraph')
```

　　如图 6-65 所示，在网页上输出了 lattice 函数绘制的散点矩阵图和三维曲面图（详细代码请查阅 ui.R 和 server.R 脚本）。

　　如图 6-66 所示，在网页上输出了 ggplot2 函数绘制的箱线图和核密度图（详细代码请查阅 ui.R 和 server.R 脚本）。

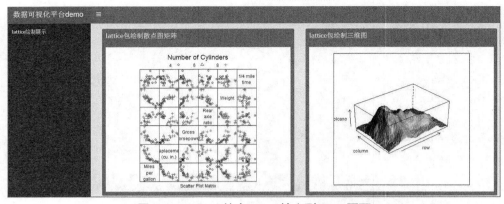

图 6-65　lattice 结合 shiny 输出到 Web 页面

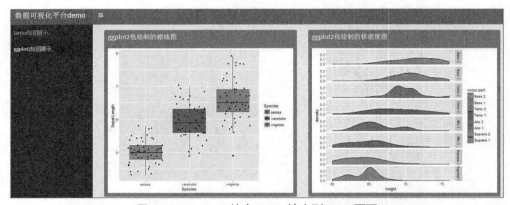

图 6-66　ggplot2 结合 shiny 输出到 Web 页面

也可将模型结果可视化，以可视化的结果在网页上输出。在这项操作中，对关联规则和 k-means 聚类结果进行了可视化，并增加了选择栏和数字输入选项来调整关联规则可视化的方法和聚类的聚类数 k 值。若关联规则可视化中的方法选择的是"graph"，且 k-means 聚类的 k 值选择的是 3，则结果如图 6-67 所示。

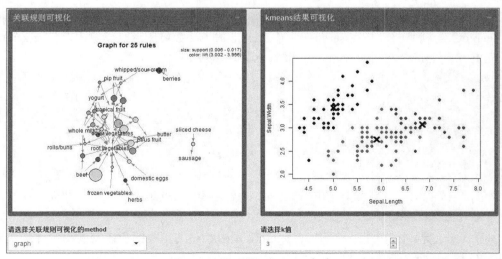

图 6-67　模型结果可视化（1）

如果 method 选择 "matrix3D"，且 k 值取 4 时，将得到图 6-68 所示的结果。

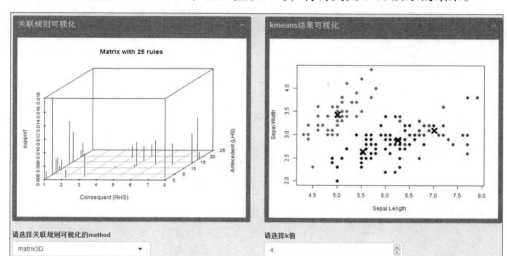

图 6-68 模型结果可视化（2）

更一般的，可以利用 R 的图形参数设置函数 par 来自定义一幅图形的多个特征（点样式、背景色、页面布局等）。如代码 6-65 所示，用 plot 函数生成了用于评价线性回归模型拟合情况的 4 幅图形，通过 par 参数设置 4 幅图形按 2 行 2 列摆放；将点样式设置为 "*"；将图形背景颜色设置为 "aliceblue"，通过 renderPlot 和 plotOutput 函数把生成的图形输出到网页，运行结果如图 6-69 所示。

代码 6-65 评价线性回归模型拟合情况的可视化

```
> ui <- fluidPage(
+   plotOutput("lm.fit")
+ )
> server <- function(input, output) {
+   output$lm.fit <- renderPlot({
+     fit <- lm(Sepal.Length ~ Sepal.Width, data = iris[, 1:4])
+     par(mfrow = c(2, 2), pch = "*", bg = "aliceblue")
+     plot(fit)
+   })
+ }
> shinyApp(ui = ui, server = server)
```

对于 rCharts 包绘制的图形，可在 server.R 中用 renderChart 函数将图形赋予输出对象 mygraph，并在 ui.R 中用 showOutput("mygraph")命令将图形输出到 Web 中，形式如下（以 hPlot 函数为例）。

```
#server.R#
output$mygraph <- renderChart({
p1 <- hPlot(formula, data, type,...)
p1$addParams(dom = "mygraph")
```

```
return(p1)
})
#ui.R#
showOutput("mygraph", "highcharts")
```

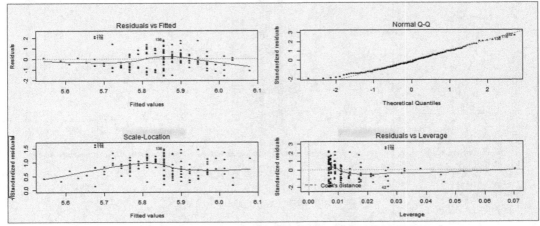

图 6-69　评价线性回归模型拟合情况的可视化结果

以 HairEyeColor 数据集为例，在网页上输出了 nPlot 函数绘制的交互柱状图，如代码 6-66 所示，运行结果如图 6-70 所示。

代码 6-66　nPlot 函数绘制的交互柱状图的 Web 展示

```
> # server.R #
> server <- function(input, output) {
+   output$mychart1 <- renderChart({
+     hair_eye_male <- subset(as.data.frame(HairEyeColor), Sex == "Male")
+     hair_eye_male[, 1] <- paste0("Hair", hair_eye_male[, 1])
+     hair_eye_male[, 2] <- paste0("Eye", hair_eye_male[, 2])
+     p1 <- nPlot(Freq ~ Hair, group = "Eye", data = hair_eye_male,
+     type = "multiBarChart")
+     p1$chart(color = c('brown', 'blue', '#594c26', 'green'))
+     p1$addParams(dom = "mychart1")
+     return(p1)
+   })
+ }
> # ui.R #
> ui <- fluidPage(
+   showOutput("mychart1", "nvd3")
+ )
> shinyApp(ui = ui, server = server)
```

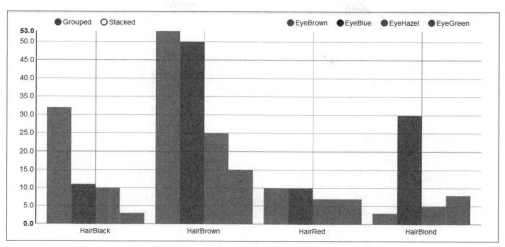

图 6-70 nPlot 函数绘制的交互柱状图的 Web 展示

此外，对于 DT 包制作的数据表格，可在 server.R 中用 renderDataTable 函数将表格赋予输出对象 mytable，并在 ui.R 中用 dataTableOutput("mytable")命令将图形输出到网页上，形式如下。

```
#server.R#
output$mytable<-renderDataTable({
datatable(data)
})
#ui.R#
dataTableOutput("mytable")
```

对于 networkD3 包制作的网络图，可在 server.R 中用 renderForceNetwork 函数将表格赋予输出对象 mygraph，并在 ui.R 中用 forceNetworkOutput("mygraph")命令将图形输出到网页上，形式如下。

```
#server.R#
output$mygraph<-renderForceNetwork({
forceNetwork(...)
})
#ui.R#
forceNetworkOutput("mygraph")
```

6.4 小结

本章主要讲解了 R 语言中用于图形处理的各种 R 包的相关内容，主要包括以下几点。

（1）两个常用的高级绘图扩展包：一个是 lattice 包，它提供了一个可创建栅栏图的系统；另一个是 ggplot2 包，它拥有全面的图形语法。两者都可以创建美观且有意义的数据可视化图形。

（2）探究可实现图形动态交互的软件包，包括 rCharts、recharts、googleVis、htmlwidgets

等。利用这些包，可以在图形中直接与数据进行交互，从而更好地实现数据探索和数据可视化。

（3）应用 shiny 包的 Web 开发框架原理，读者可以快速完成 Web 开发，并结合高级绘图 R 包进行数据可视化 demo 平台的开发，从而实现更好的数据交互及展示体验。

课后习题

1. 选择题

（1）下列不能作为 lattice 包中的绘图函数 formula 输入的是（　　　）。

  A．x ~ y   B．~ y   C．x ~ y | A   D．x ~ y | A ~ B

（2）下列绘图函数不属于 lattice 包的是（　　　）。

  A．xyplot   B．qq   C．qqplot   D．qqmath

（3）lattice 包中可实现图形组合的是（　　　）。

  A．par 函数   B．layout 函数 C．split 参数   D．newpage 参数

（4）下列绘图函数与图形对应关系错误的是（　　　）。

  A．histogram——散点图   B．barchar——条形图

  C．bwplot——箱线图   D．splom——散点矩阵图

（5）lattice 包中的绘图函数的条件变量不能输入（　　　）。

  A．连续型变量 B．离散型变量 C．因子型数据   D．字符型数据

（6）一个图层不包含（　　　）。

  A．data   B．aes   C．mapping   D．geom

（7）下列选项中不能描述坐标系转换关系的是（　　　）。

  A．饼图=堆叠长条图+polar coordinates

  B．靶心图=饼图+polar coordinates

  C．锯齿图=饼图+polar coordinates

  D．锯齿图=柱状图+polar coordinates

（8）ggplot 包中实现分面的函数是（　　　）。

  A．par 函数   B．layout 函数 C．split 参数   D．facet_grid 函数

（9）下列选项不能描述绘图函数与图形对应关系的是（　　　）。

  A．geom_abline——线   B．geom_histogram——条形图

  C．geom_boxplot——箱线图   D．geom_point——点

（10）下列不属于图形属性的是（　　　）。

  A．alpha   B．color   C．linetype   D．ncol

2. 操作题

（1）表 6-7 所示是某银行的贷款拖欠率的数据 bankloan。要求使用 lattice 包完成以下图形的绘制。

 ①绘制不同年龄、受教育程度和工龄的客户的收入与负债的直方图及密度分布曲线。

 ②绘制不同年龄、受教育程度和工龄的客户的收入与负债的散点图，并添加回归线。

③绘制不同年龄、受教育程度和工龄的客户违约与否的条形图。

④绘制客户的收入和负债与违约与否的散点图，并添加 logistic 回归线。

表 6-7 银行贷款拖欠率数据

age	education	seniority	income	debt_rate	credit_card_debt	orther_debt	default	age
41	3	17	176	9.3	11.36	5.01	1	41
27	1	10	31	17.3	1.36	4	0	27
40	1	15	55	5.5	0.86	2.17	0	40
41	1	15	120	2.9	2.66	0.82	0	41

（2）针对（1）中提及的 bankloan 的示例表，使用 ggplot2 包完成以下图形的绘制。

①绘制不同年龄、受教育程度和工龄的客户的收入与负债的直方图和密度分布曲线。

②绘制不同年龄、受教育程度和工龄的客户的收入与负债的散点图，并添加回归线。

③绘制不同年龄、受教育程度和工龄的客户违约与否的条形图。

④绘制客户的收入和负债与违约与否的散点图，并添加 logistic 回归线。

（3）结合（1）与（2）的操作题，用以上两个操作题中所绘制的图形创建脚本 ui.R 和 server.R，利用 shiny 包搭建数据可视化平台 demo。

第 7 章 可视化数据挖掘工具 Rattle

本章将介绍一款用于数据挖掘的工具 Rattle，学习如何安装 Rattle，并完成数据挖掘建模的整个流程：导入数据，对数据进行探索性分析，构建常见算法的模型和模型评估。Rattle 最大的优点是不需要写脚本代码，是一个易学易用的工具，也大大节省了数据挖掘工作者在数据建模初级阶段进行数据处理的时间。Rattle 帮助读者更加便捷地掌握数据挖掘相关技术的操作，落实科教兴国战略、人才强国战略、创新驱动发展战略。

学习目标

（1）了解并安装 Rattle 工具。
（2）掌握使用 Rattle 工具导入数据的方法。
（3）掌握使用 Rattle 工具探索数据的方法。
（4）掌握使用 Rattle 工具构建模型的方法。
（5）掌握使用 Rattle 工具估计模型的方法。

7.1 了解并安装 Rattle

作为优秀的统计软件包，R 语言也提供了强大的数据挖掘工具。这些工具分散在数以千计的 R 包之中，往往导致编写脚本成为快速解决问题的障碍，而 Rattle 包的出现很好地解决了这个问题。

7.1.1 认识 Rattle

Rattle 是一个用于数据挖掘的 R 语言的图形交互界面（Graphical User Interface，GUI），可快捷地处理常见的数据挖掘问题。从数据的整理到模型的评价，Rattle 给出了完整的解决方案。Rattle 和 R 平台良好的交互性，又为使用 R 语言解决复杂问题开启了方便之门。Rattle 易学易用，不要求很多的 R 语言基础，被广泛地应用于数据挖掘实践和教学之中。

在 R 语言中，Rattle 使用 RGtk2 包提供的 Gnome 图形用户界面，可以在 Windows、Mac OS/X、Linux 等多个系统中使用。

Rattle 不仅仅是一个所见即所得的 GUI 工具，还有很多扩展功能。pmml 包是在 Rattle 基础上发展起来的一个 R 包，其使用基于 PMML（Predictive Model Markup Language，预测模型标记语言）的开放标准 XML。按这种方式由 R 导出的模型可以输入到类似于由云计算机驱动的 ADAPA 决策引擎的工具中，从而可以在多个平台上运行。

7.1.2　安装 Rattle

以 Windows 系统中的安装为例，安装 Rattle 的命令如代码 7-1 所示。

代码 7-1　安装 Rattle

```
>install.packages("RGtk2")
>install.packages("rattle")
```

通过 library(rattle)命令载入这个包，并通过 rattle 函数调出 Rattle 界面，如代码 7-2 所示。

代码 7-2　载入并调出 Rattle

```
>library(rattle)
>rattle()
```

Rattle 的初始界面如图 7-1 所示。

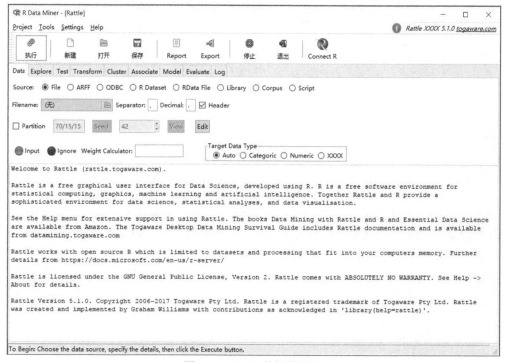

图 7-1　Rattle 的初始界面

7.1.3　使用 Rattle 功能

Rattle 的界面，从上到下依次排列的是菜单栏、工具栏和标签栏，如图 7-2 所示。标签栏从左到右依次排列，各自完成数据挖掘工作中的一个相关步骤，具体如下。

（1）Data 选择数据源，输入数据。

（2）Explore 执行数据探索，理解数据分布情况。

（3）Test 提供各种统计检验。

（4）Transform 可以变换数据的形式。

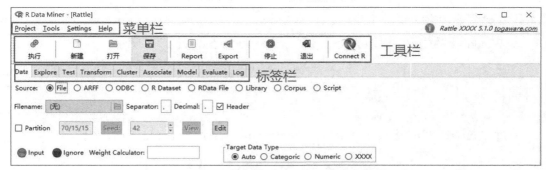

图 7-2　Rattle 的菜单栏、工具栏和标签栏

（5）Cluster 为数据聚类，包括 k-means 聚类、系统聚类和双聚类（biclustering）。

（6）Associate 为关联规则方法。

（7）Model 是内容最丰富的一个标签，包括多种算法：决策树、随机森林、组合算法、支持向量机、线性模型、人工神经网络、生存分析。Model 界面如图 7-3 所示。

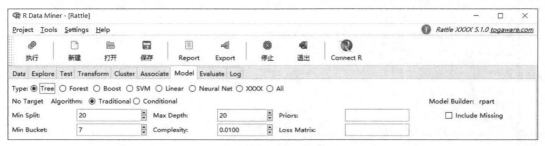

图 7-3　Model 界面

（8）Evaluate 为模型评估。在 Evaluate 界面中，程序包提供了一系列模型评估标准，其中有混淆矩阵（Error Matrix）、模型风险表（Risk）、模型 ROC 曲线（ROC）、得分表（Score）等各类模型评估指标。Evaluate 界面如图 7-4 所示。

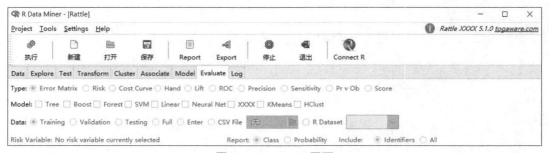

图 7-4　Evaluate 界面

（9）Log 是数据挖掘过程的记录。选项 Log 主要用于记录以上所介绍的所有功能的具体执行情况，其可以给出所进行 Rattle 操作的 R 代码。

7.2　导入数据

数据的来源很多，例如 R 内置了许多数据集，也能从各种各样的来源中读取数据，且支持大量的文件格式。利用 R 语言强大的数据导入功能，Rattle 也可以直接访问这些数据。

7.2.1　导入 CSV 数据

有众多的格式和文本文件标准可用于存储数据。最常用于存储数据的通用格式为分隔符值（即 CSV 或制表符分隔文件）。

使用 Data 标签中的"Spreadsheet"选项，可以将 CSV 文件导入到 Rattle 中，如图 7-5所示。

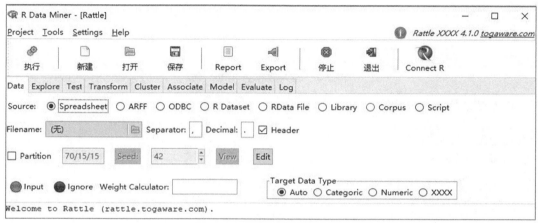

图 7-5　导入电子表格数据选项

单击"Filename"后的按钮可以打开"选择文件"对话框，可选择需要导入的 CSV 文件。例如，要导入 Rattle 包自带的天气数据集 weather.csv，第一步就是选中 weather.csv，如图 7-6 所示，然后单击"打开"按钮。

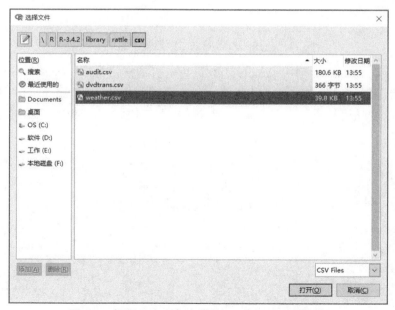

图 7-6　打开 Rattle 包自带的 weather.csv 数据集

R 语言编程基础

第二步，将数据从文件中导入 Rattle 中，通常单击"执行"按钮（或者按 F2 键），如图 7-7 所示。

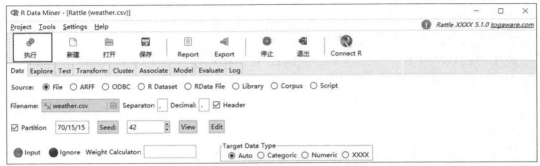

图 7-7　导入数据到 Rattle 中

导入结果如图 7-8 所示。

No.	Variable	Data Type	Input	XXXX	Risk	Ident	Ignore	Weight	Comment
1	Date	Ident	○	○	○	●	○	○	Unique: 366
2	Location	Constant	○	○	○	○	●	○	Unique: 1
3	MinTemp	Numeric	●	○	○	○	○	○	Unique: 180
4	MaxTemp	Numeric	●	○	○	○	○	○	Unique: 187
5	Rainfall	Numeric	●	○	○	○	○	○	Unique: 47
6	Evaporation	Numeric	●	○	○	○	○	○	Unique: 55
7	Sunshine	Numeric	●	○	○	○	○	○	Unique: 114 Missing: 3
8	WindGustDir	Categoric	●	○	○	○	○	○	Unique: 16 Missing: 3
9	WindGustSpeed	Numeric	●	○	○	○	○	○	Unique: 35 Missing: 2
10	WindDir9am	Categoric	●	○	○	○	○	○	Unique: 16 Missing: 31
11	WindDir3pm	Categoric	●	○	○	○	○	○	Unique: 16 Missing: 1
12	WindSpeed9am	Numeric	●	○	○	○	○	○	Unique: 22 Missing: 7

图 7-8　显示 weather.csv 数据集中的变量名

数据导入后，Rattle 会利用 sample 函数进行随机抽样，将样本按照 70:15:15 的比例分成训练集、验证集和测试集。可以通过 Partition 选项调整各部分数据集的占比，也可以通过 Seed 选项改变随机种子。查看 Log 的记录的示例如代码 7-3 所示。

代码 7-3　查看 Log 的记录

```
>set.seed(crv$seed)
>crs$nobs <- nrow(crs$dataset) # 366 observations
>crs$sample <- crs$train <- sample(nrow(crs$dataset),
+    0.7*crs$nobs) # 256 observations
>crs$validate <- sample(setdiff(seq_len(nrow(crs$dataset)),
+    crs$train), 0.15*crs$nobs) # 54 observations
>crs$test <- setdiff(setdiff(seq_len(nrow(crs$dataset)), crs$train),
+    crs$validate) # 56 observations
```

通过分区的脚本可以看出，weather 数据集一共有 366 个样本，其中，训练集有 256 个样本，验证集有 54 个样本，测试集有 56 个样本。

在图 7-8 中，可单击“View”或“Edit”按钮，对 weather 数据集进行查看或修改，所得到的界面如图 7-9 所示。

	Date	Location	MinTemp	MaxTemp	Rainfall	Evaporation	Sunshine	WindGustDir	WindGustSpeed	WindDir9am	WindDir3pm
1	2007-11-01	Canberra	8	24.3	0	3.4	6.3	NW	30	SW	NW
2	2007-11-02	Canberra	14	26.9	3.6	4.4	9.7	ENE	39	E	W
3	2007-11-03	Canberra	13.7	23.4	3.6	5.8	3.3	NW	85	N	NNE
4	2007-11-04	Canberra	13.3	15.5	39.8	7.2	9.1	NW	54	WNW	W
5	2007-11-05	Canberra	7.6	16.1	2.8	5.6	10.6	SSE	50	SSE	ESE
6	2007-11-06	Canberra	6.2	16.9	0	5.8	8.2	SE	44	SE	E
7	2007-11-07	Canberra	6.1	18.2	0.2	4.2	8.4	SE	43	SE	ESE
8	2007-11-08	Canberra	8.3	17	0	5.6	4.6	E	41	SE	E
9	2007-11-09	Canberra	8.8	19.5	0	4	4.1	S	48	E	ENE
10	2007-11-10	Canberra	8.4	22.8	16.2	5.4	7.7	E	31	S	ESE
11	2007-11-11	Canberra	9.1	25.2	0	4.2	11.9	N	30	SE	NW
12	2007-11-12	Canberra	8.5	27.3	0.2	7.2	12.5	E	41	E	NW
13	2007-11-13	Canberra	10.1	27.9	0	7.2	13	WNW	30	S	NW
14	2007-11-14	Canberra	12.1	30.9	0	6.2	12.4	NW	44	WNW	W
15	2007-11-15	Canberra	10.1	31.2	0	8.8	13.1	NW	41	S	W

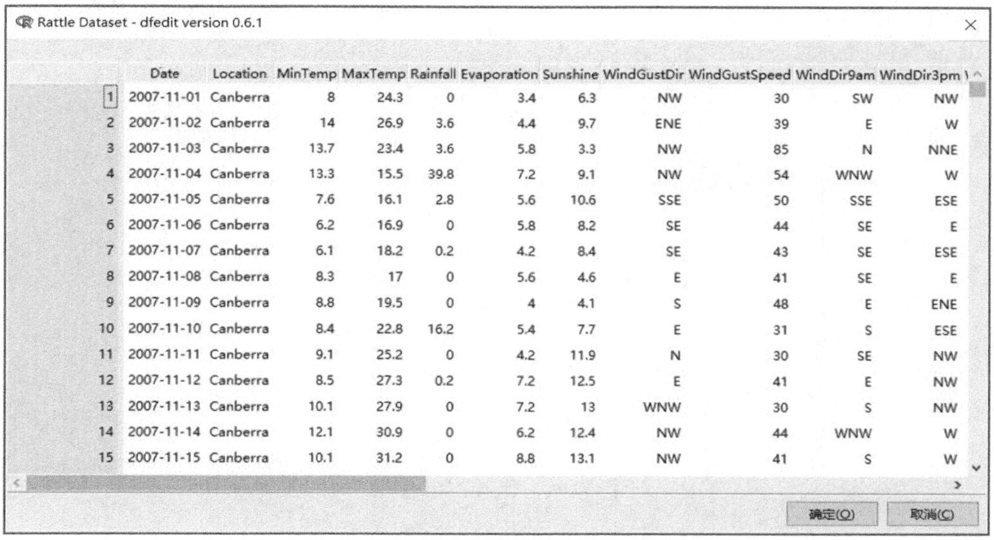

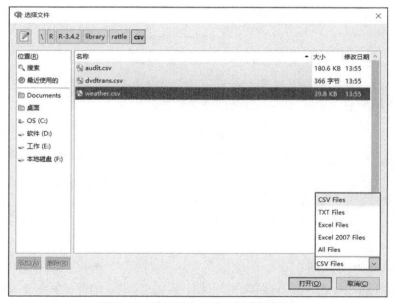

图 7-9 调出 weather 数据集的界面

如果是通过图 7-8 中的“Edit”按钮调出的窗口，那么可以直接在上面进行数据修改再单击“确定”按钮来完成数据的修改工作（依赖于 RGtk2Extras 扩展包，第一次打开时会提示是否安装，直接确定安装即可）。

如图 7-10 所示，右下角有一个选择文本文件格式的选项（默认情况下是 CSV Files），还可以选择 TXT Files、Excel 2007 Files 选项，如图 7-10 所示。

图 7-10 选择导入的电子表格的格式

假设在文档目录下已经包括 3 个文件：iris.txt、iris.xls、iris.xlsx。接下来介绍如何将这 3 个文件分别导入 Rattle 中。

由于 TXT 文件是由制表符分隔（Tab-Delimited）的，所以需要将分隔符（Separator）设置为空（删掉逗号，因为默认导入的是 CSV 格式的文件），就能将 TXT 文件导入到 Rattle 中，如图 7-11 所示。

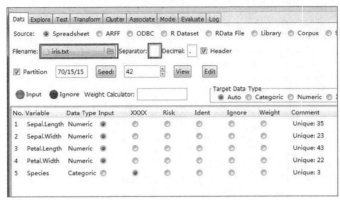

图 7-11　导入 TXT 文件

将 iris.xlsx 导入 Rattle 中，如图 7-12 所示。

图 7-12　导入 XLSX 文件

选择图 7-12 中的 "Log" 选项卡查看记录，可以发现，导入 XLS 和 XLSX 文件时都使用了 xlsx 包中的 read.xlsx 函数，如代码 7-4 所示。

代码 7-4　read.xlsx 函数导入数据

```
>require(xlsx, quietly=TRUE)
>crs$dataset <- read.xlsx("C:/Users/tipdm/Documents/iris.xls", sheetIndex=1)
>crs$dataset <- read.xlsx("C:/Users/tipdm/Documents/iris.xls", sheetIndex=1)
```

备注：xlsx 包依赖于 rJava 包，需要首先在本地安装好 Java 环境，才能安装 rJava 和 xlsx 包。

7.2.2　导入 ARFF 数据

Attribute-Relation File Format（ARFF）文件是 Weka 默认的存储数据集文件，主要由两部分组成：文件头和数据。

这里以 Rattle 包自带的数据集 weather.arff 为例进行辅助说明。文件头包括 relation 说明和属性说明，如代码 7-5 所示。

代码 7-5　文件头说明

```
@relation weather @attribute Date date "yyyy-MM-dd" @attribute MinTemp numeric
@attribute RainTomorrow {'No','Yes'}
@data
'2007-11-01','Canberra',8,24.3,0,3.4,6.3,'NW',30,'SW','NW',6,20,68,29,1019.7,
1015,7,7,14.4,23.6,'No',3.6,'Yes'
'2007-11-02','Canberra',14,26.9,3.6,4.4,9.7,'ENE',39,'E','W',4,17,80,36,
1012.4,1008.4,5,3,17.5,25.7,'Yes',3.6,'Yes'
```

在代码 7-5 中，属性部分声明属性名称和类别（如果为枚举型，则说明预设数据值）。数据部分由@data引导，主要处理的数据类型有枚举型（nominal）、数值型（integer real）、文本型（string）、日期型（date）。

ARFF 格式文件的特点：各个记录相互独立，没有顺序要求，同时各个记录间不存在关系。

选择 Data 标签下的"Source"（来源）选项组中的"ARFF"，将 ARFF 格式的数据导入到 Rattle 中，如图 7-13 所示。

图 7-13　导入 ARFF 格式数据

若此时查看 Log 记录，则会发现上述数据是通过 foreign 包的 read.arff 函数进行数据导入的，如代码 7-6 所示。

代码 7-6　使用 read.arff 函数导入数据

```
# The 'foreign' package provides the 'read.arff' function.
>require(foreign, quietly=TRUE)
# Load an ARFF file.
>crs$dataset <- read.arff("file:///C:/Program Files/R/R-3.1.2/library/
+    rattle/arff/weather.arff")
```

7.2.3　导入 ODBC 数据

很多数据存储在数据库和数据仓库中。开放数据库连接（Open Database Connectivity，ODBC）标准已经发展为从数据库中访问数据的常用方法。该技术基于结构化查询语言（Structured Query Language，SQL），用于查询关系数据库。

Rattle 通过 ODBC 选项能获取任意一种拥有 ODBC 驱动的数据库，其实几乎就是目前市面上的所有数据库，如图 7-14 所示。

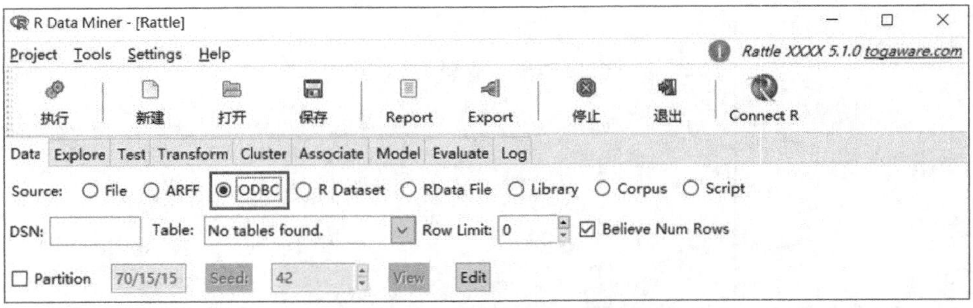

图 7-14　通过 ODBC 选项获取数据库

假设已经在 Windows 下安装了 MySQL，并通过 ODBC 数据源管理器配置好了 MySQL 的 ODBC 驱动，如图 7-15 所示。

图 7-15　通过 ODBC 数据源管理器配置 ODBC 驱动

R 的控制台使用 RODBC 包的 odbcConnect 函数进行数据库连接，如代码 7-7 所示。

代码 7-7　使用 odbcConnect 函数连接数据库

```
> library(RODBC)
> odbcConnect("ids_user_action","Daniel.xie","xie@iedlan")
RODBC Connection 1
Details:
 case=tolower
 DSN=ids_user_action
 UID=Daniel.xie
 PWD=******
```

在 Rattle 的 DSN 中输入连接的数据库名，就可以在 Table 中显示 ids_user_action 库内所有的数据表，如图 7-16 所示。

如果要导入 ad_rpt_adplat_trans 的数据，那么只需要选中此表，然后单击"执行"按钮即可将该表导入到 Rattle 中，如图 7-17 所示。

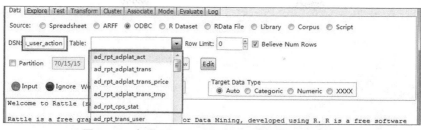

图 7-16 查看 ids_user_action 数据库中的数据表

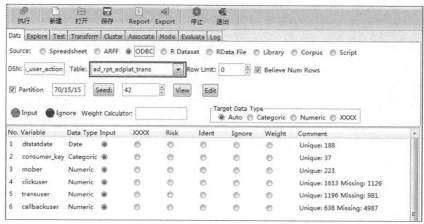

图 7-17 导入 ad_rpt_adplat_trans 表的数据

7.2.4 R Dataset——导入其他数据源

R 还支持从不同的数据源导入数据，例如，可以使用剪贴板、其他专业的数据挖掘工具（SPSS、SAS）等进行数据导入。

1. 从剪贴板读取数据

本地有一份关于通信用户流失情况的数据，如图 7-18 所示。选中数据并将其复制到剪贴板。

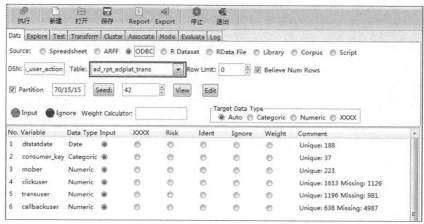

图 7-18 通信用户流失情况的数据

通过 read.table 函数将剪贴板的数据导入 R，并保存在数据对象 actionuser 中，如代码 7-8 所示。

代码 7-8　通过 read.table 函数导入数据

```
> actionuser <- read.table("clipboard",header = T)
> dim(actionuser)
[1] 17 11
> head(actionuser)
  居住地 年龄 婚姻状况 收入 教育水平 性别 家庭人数 开通月数 无线服务 基本费用 免费部分
1      2   44        1   64        4    0        2       13        0      3.70      0.00
2      3   33        1  136        5    0        6       11        1      4.40     20.75
3      3   52        1  116        1    1        2       68        0     18.15     18.00
4      2   33        0   33        2    1        1       33        0      9.45      0.00
5      2   30        1   30        1    0        4       23        0      6.30      0.00
6      2   39        0   78        2    1        1       41        0     11.80     19.25
```

接下来就能在 R Dataset 的 Data Name 中选择数据对象 "actionuser"，然后单击"执行"按钮就能将 actionuser 数据导入到 Rattle 中，如图 7-19 所示。

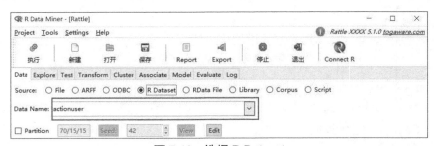

图 7-19　选择 R Dataset

2. 加载 SPSS 数据集

利用 foreign 扩展包的 read.spss 函数可以将 SPSS 数据集读入 R 中，如代码 7-9 所示。

代码 7-9　利用 read.spss 函数导入数据

```
>mydataset <- read.table("居民储蓄调查数据.sav",header = T)
>mydataset <- as.data.frame(mydataset)
```

然后在 R Dataset 的 Data Name 中选择数据对象 "mydataset"，将数据读入 Rattle 中，如图 7-20 所示。

单击图 7-20 中的 "View" 按钮查看导入的居民储蓄调查数据，如图 7-21 所示。

7.2.5　导入 RData File 数据集

利用 RData File 选项可以将二进制的数据（通常是 RData File 的扩展）直接读入 Rattle 中，这些文件通常包含多个数据集。

在 Filename 选项中有不同平台的用户信息的 user.RData 数据，然后选择里面包含的数据表，如图 7-22 所示。

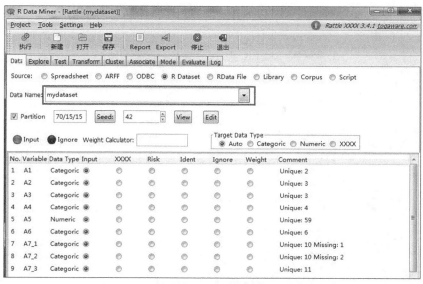

图 7-20　将居民储蓄调查数据导入 Rattle 中

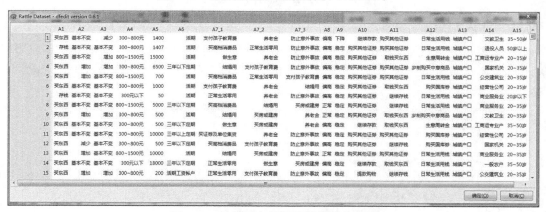

图 7-21　查看导入的居民储蓄调查数据

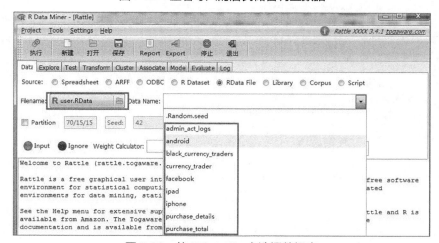

图 7-22　从 RData file 中选择数据表

如选中 android 表，则单击"View"按钮可查看导入的安卓平台用户的信息，如图 7-23 所示。

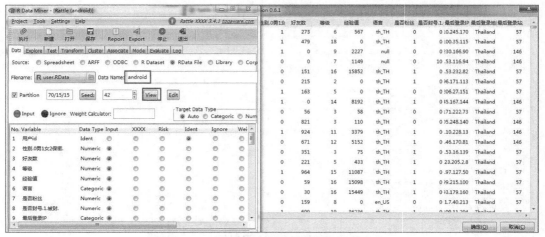

图 7-23　导入并查看安卓平台用户信息

7.2.6　导入 Library 数据

几乎每一个 R 包都提供了一些示例数据集，用于进行功能介绍。如 Rattle 包自带了 weather、dvdtrans and audit 数据集，通过 Library 选项可以把这些数据集导入到 Rattle，如图 7-24 所示。

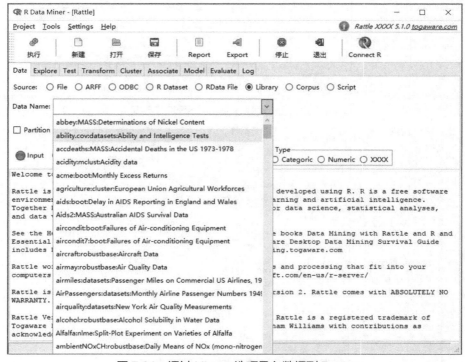

图 7-24　通过 Library 选项导入数据到 Rattle

如果要导入 boot 扩展包中的 acme 数据集，则需在选中该数据集后单击"执行"按钮，结果如图 7-25 所示。

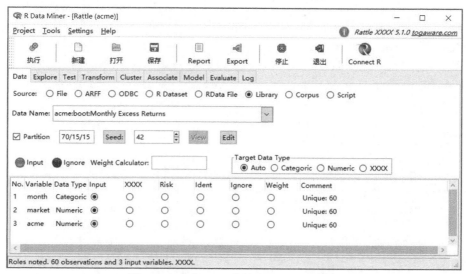

图 7-25　导入 boot 包中的 acme 数据集

7.3　探索数据

Explore 选项主要用于数据探索，其界面如图 7-26 所示。

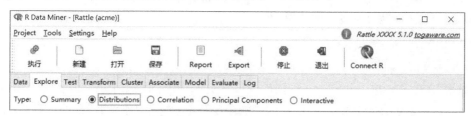

图 7-26　Rattle 的 Explore 界面

在图 7-26 中，Rattle 中的 Explore 界面主要能根据数据集输出以下信息：数据总体概况（Summary）、数据分布情况（Distributions）、数据的相关系数矩阵（Correlation）、数据集的主成分分析（Principal Components）及各变量之间的交互作用（Interactive）。

7.3.1　数据总体概况

数据总体概况在理解数据时仍扮演着重要的角色。

1. 基本概要

R 语言利用 base 包中的 sumarry 函数来获取描述统计量。summary 函数对数值型变量提供了最小值、第一四分位数、中位数、均值、第三四分位数和最大值，对因子型或逻辑型变量提供了频数统计。

这里以利用 Rattle 包中自带的 weather 数据集为例，介绍使用 summary 函数对数据进行描述性统计分析的相关内容结果，如图 7-27 所示。

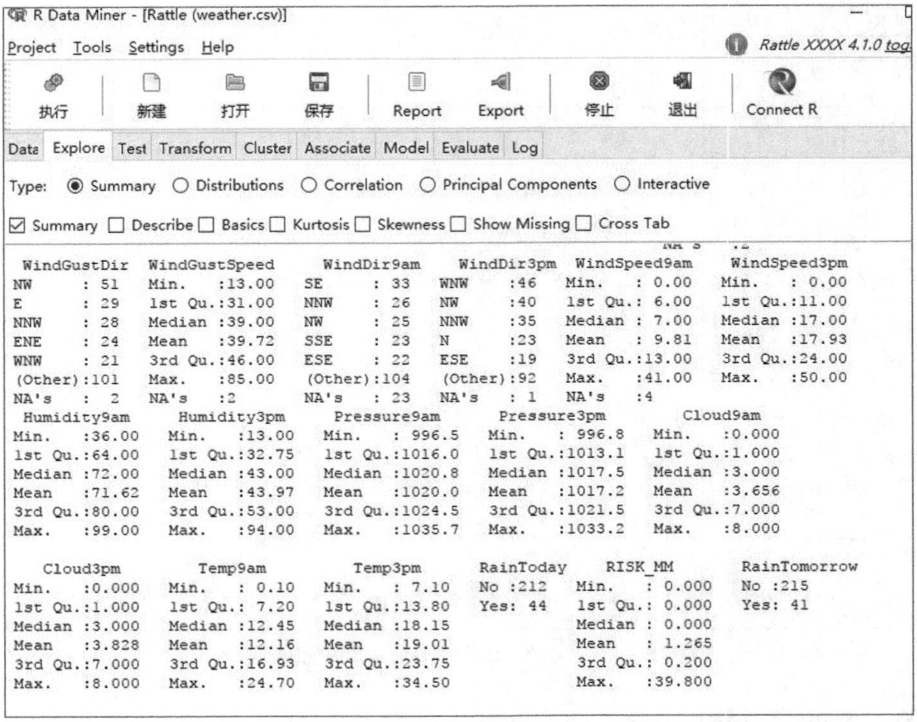

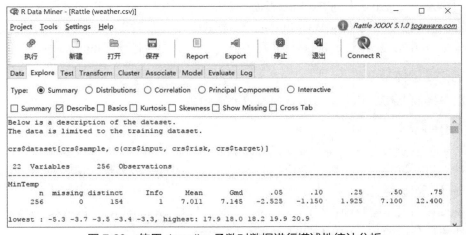

图 7-27　使用 summary 函数对数据进行描述性统计分析的相关内容结果

从图 7-27 所示的结果可知，Temp9am（在九点的温度）的最小值是 0.10，第一四分位数是 7.20，中位数是 12.45，均值是 12.16，第三四分位数是 16.93，最大值是 24.70；RainTomorrow（明天是否下雨）有 215 天是晴天（No），41 天是雨天（Yes）。

2．更详细的概要

此处利用 Hmisc 包中的 describe 函数返回变量和观测的数量、缺失值和唯一值的数目、平均值、以 5% 划分的分位数，以及 5 个较大的值和 5 个较小的值，所得到的结果如图 7-28 所示。

图 7-28　使用 describe 函数对数据进行描述性统计分析

由图 7-28 可知，训练数据集共有 256 条记录、22 个变量，其中，MinTemp（最小温度）变量共有 256 条记录，没有缺失值，唯一值数目是 154，均值是 7.011，接下来是各分位数值，以及 5 个较小值和较大值。

如果导入数据的变量是因子型变量，则返回的是观测的数目、缺失值和因子数，且计算各因子的数目及占比，相关示例如代码 7-10 所示。

代码 7-10　RainTomorrow 变量的结果

```
RainTomorrow
n   missing  unique
256    0       2
No (215, 84%), Yes (41, 16%)
```

RainTomorrow 变量共有 256 条记录，没有缺失值，有两个因子，分别是 No 和 Yes。其中，No 的数目是 215，占总记录数的 84%；Yes 的数目是 41，占总记录数的 16%。

3. 数值型变量更详细的概要

f Basics 包中的 basicsStats 函数对数值型变量提供了更详细的描述性统计，包括以下统计指标：记录数、缺失值个数、最小值、最大值、第一四分位数、第三四分位数、均值、中位数、求和、均值标准误差、均值 95%置信区间的上下限、方差、标准差、偏度和峰度。MinTemp 变量的统计结果如图 7-29 所示。

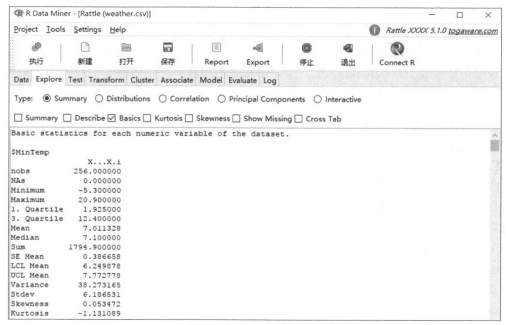

图 7-29　basicStats 函数对数值型变量进行详细描述统计的结果

除了以上 3 种常用的数据概要统计方法外，还有偏度、峰度、显示缺失值和交叉表等方法，如图 7-30 所示，请读者自行研究。

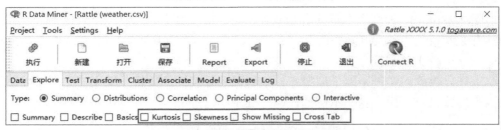

图 7-30　数据概要的其他统计方法

7.3.2　数据分布探索

可以利用 Rattle 的 Distributions 选项，以可视化的方式，给出各个变量的分布特征。可以选择相应的图形选项，如图 7-31 所示，单击"执行"按钮绘图。

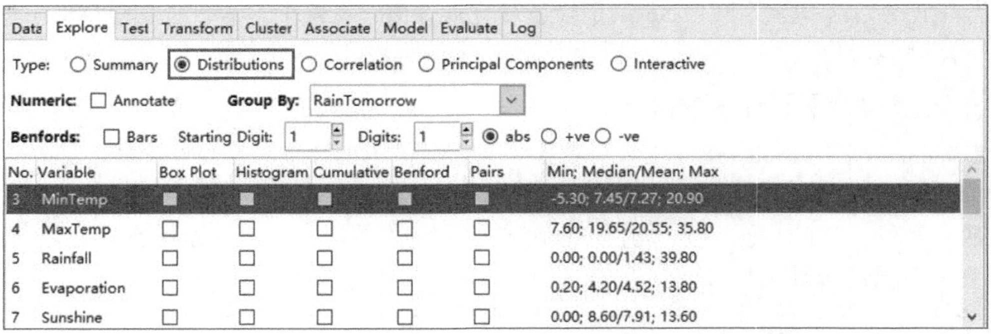

图 7-31　Distributions 选项

对于数值型变量，Distributions 选项可以绘制出箱线图、直方图、累积分布图和 Benford 图；对于类别变量，Distributions 选项可以绘制 3 个图，分别为条形图、点图和马赛克图。

1. 数值型变量可视化

使用 Rattle 绘制的箱线图比 R 基础包中绘制出的普通箱线图多了个星号，表示数据均值，且通过中位数和均值的对比，可以得知数据的偏态情况。

Rattle 绘制的直方图包含 3 部分：通过 x 轴将值域分割为一定数量的组；在 y 轴上显示相应值的频数，展现连续型变量分布的直方图；在直方图上叠加核密度图和轴须图。

累积分布图是观察数据分布情况的另一种较常用的图形类型。该图形中每个点 (x, y) 的含义为，共有 y（百分数）的数据小于或等于该 x 值，因此，数据中的 x 最大值所对应的 y 值为 1，即 100%。

Benford 图来自所谓的 Benford 法则；给出数字首位数 1~9 在这些数字中的经验分布（近似幂律）。

此处利用 weather 数据集，以 RainTomorrow 为分组变量，绘制出 MinTemp 变量的箱线图、直方图、累积分布图和 Benford 图，如图 7-32 所示。

箱线图（在图 7-32 左上位置）的中间横线表示中位数，*表示均值。从图 7-32 可以看出，当 RainTomorrow 为 No 时，均值大于中位数，说明数据处于正偏态分布（右偏分布）状态；当 RainTomorrow 为 Yes 时，均值小于中位数，说明数据处于负偏态分布（左偏分布）状态。

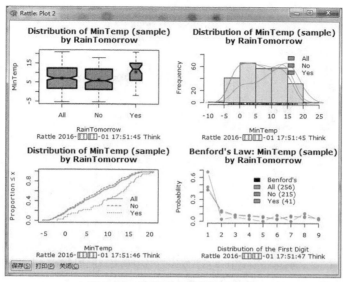

图 7-32　数值型变量数据可视化

　　直方图（在图 7-32 右上位置）中，柱状图表示的是将 MinTemp 变量按照区间进行分组后在 y 轴显示相应值的频数。3 条曲线表示 MinTemp 变量按照分组变量 RainTomorrow 绘制出的核密度图。其中，当 RainTomorrow 为 No 时，处于右偏；当 RainTomorrow 为 Yes 时，处于左偏。该结果与箱线图得出的结论一致。

　　累积分布图（在图 7-32 左下位置）中，当 RainTomorrow 为 Yes 时的曲线低于为 All、No 的曲线，说明为 Yes 时的 MinTemp 数据大于整合为 No 时的数据。

　　Benford 图（在图 7-32 右下位置）来自 Benford 法则，其给出了数字首位数 1 ~ 9 在这些数字中的经验分布（近似幂律）。

2．类别变量可视化

　　柱状图通过竖立的柱子展示了类别变量的分布（频数）。点图提供了一种在简单水平刻度上绘制大量标签值的方法。

　　马赛克图是表现多维列联表数据的一个工具。它的表现形式为与频数成比例的矩形块，整幅图形看起来就像是若干块马赛克放置在平面上。马赛克图背后的统计理论是对数线性模型（Log Linear Model）。Rattle 中的马赛克图是某个属性变量各水平关于另一个变量（一般是目标变量）的图形。

　　此处利用 weather 数据集，以 RainTomorrow 为目标变量，绘制出分类变量 WindGustDir 的柱状图、点图和马赛克图，如图 7-33 所示。

　　从图 7-33 所示的 3 种图形得知，类别变量 WindGustDir 的各方位的晴天的频数均高于雨天。

7.3.3　相关性

　　利用 Rattle 的 Correlation 选项计算数值变量间的相关系数，并对结果进行可视化展示。相关系数采用 Pearson、Kendall、Spearman 这 3 种方法，默认是 Pearson，如图 7-34 所示。

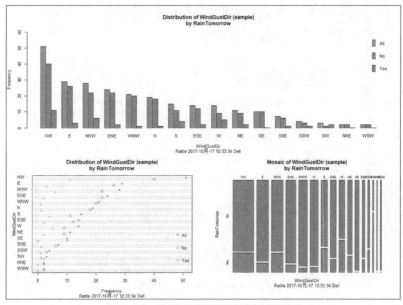

图 7-33　分类变量的数据可视化图形

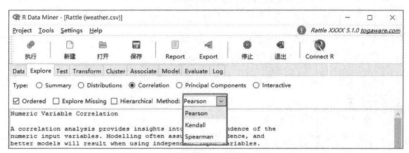

图 7-34　相关系数的计算方法

此处对 weather 数据集计算出数值型变量的相关系数，结果如图 7-35 所示。

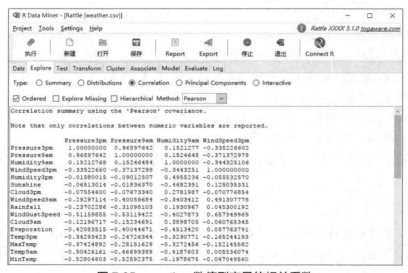

图 7-35　weather 数值型变量的相关系数

图 7-35 中，Pressure9am 与 Pressure3pm 之间的相关系数是 0.96897642，具有强的正相关性。

Rattle 可以对相关系数可视化输出在 R-studio Plots 窗口中，如图 7-36 所示。

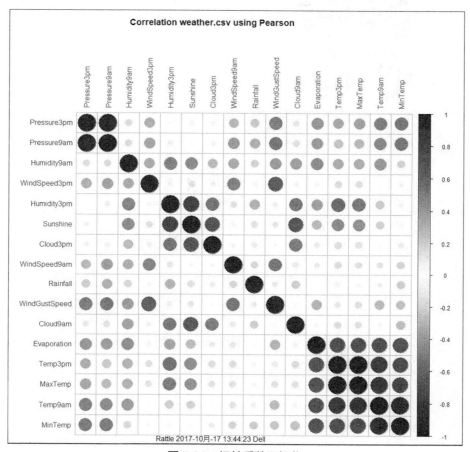

图 7-36　相关系数可视化

在图 7-36 中，颜色越浅，相关系数（绝对值）越小，越接近直线。变量 Pressure9am 与 Pressure3pm 交叉的椭圆颜色很深，说明两者具有强的相关性。注意：本书为黑白书，故图表看不出具体颜色，只能看颜色深浅，实际操作时可看到图中颜色分红、蓝两种，红色表示负相关，蓝色为正相关。

Correlation 选项还可以探索缺失值的相关性。

数据集中常有这样的情况：一个在某个变量上有缺失值的观测在别的变量上也很可能有缺失值。选择图 7-35 中的 "Explore Missing" 选项并执行后，会输出相关系数矩阵，如图 7-37 所示。

选择图 7-35 中 Hierarchical 选项，计算层次相关性，输出一个可视化结果，如图 7-38 所示。

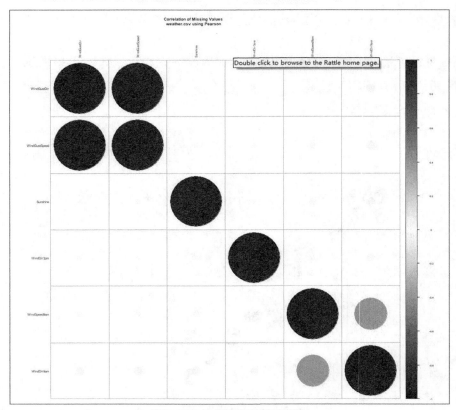

图 7-37　缺失值相关性可视化

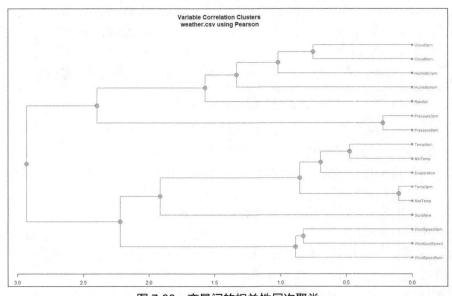

图 7-38　变量间的相关性层次聚类

　　图 7-38 中，使用变量间的相关性按照层次聚类法（系统聚类法）来对变量进行分类，聚类的距离是变量间的相关性。由图 7-38 聚类结果可知，强正相关的变量 Pressure9am 与 Pressure3pm 被聚在一类。

7.3.4　主成分

Principal Components 选项提供了主成分分析来探索数据。

通常主成分分析作为一种数据降维的方法，在数据探索中使用，可以用来发现数据集中用来解释样本方差的重要变量。样本的各个主成分就是用来描述数据最大方差的互不相关的原始变量的线性组合。

Rattle 计算主成分的方法有两种：一种方法是计算样本协方差矩阵的特征值和特征向量（Eigen）；另一种方法是对数据矩阵进行奇异值分解（Singular Value Decompposition, SVD）。

Eigen 方法的结果只给出标准差、贡献率和累计贡献率。

SVD 方法的结果将给出标准差、主成分系数、贡献率和累计贡献率。

上述两种计算的结果是有差异的。同时，这两种结果都会绘制出碎石图和 biplot 图。

这里以洛杉矶街区数据（LA.Neighborhoods.csv）为例，使用 SVD 方法进行主成分计算，结果如图 7-39 所示。

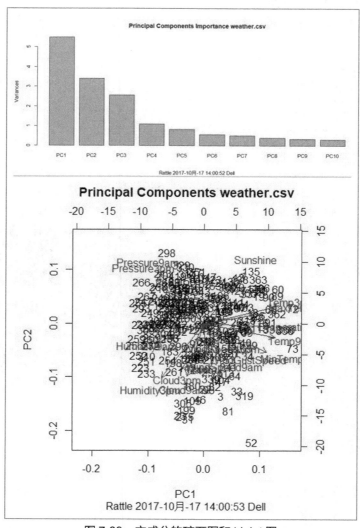

图 7-39　主成分的碎石图和 biplot 图

图 7-39 中的上图是碎石图，用来表示各个主成分的相对重要程度，可以作为选择主成分的一种直观依据。可以看出，第一主成分的贡献率较大，而其他主成分的贡献率都不它大，一直到第四主成分，累计贡献率才超过 74%。

图 7-39 中的下图是 biplot 图，这个图给出了样本点在第一主成分和第二主成分坐标系下的位置（即主成分得分），同时表达了这些样本点在原始变量坐标系中的相对位置，图中箭头即表示原始变量坐标系。箭头所指变量即原始变量，剩下的为样本点。

7.3.5　交互图

R 语言可以用 GGobi 和 GGRaptR 两种方法以交互的方式探索数据。这时，需要安装 GGobi 软件，以及相应的 rggobi 包，而 GGRaptR 是网页式，比较方便。

1．GGobi

GGobi 有许多吸引人们眼球的优点，包括交互式散点图、柱状图、平行坐标图、时间序列图、散点图矩阵和三维旋转的综合使用。

以 weather 数据集为例，利用图 7-40 所示的交互选项的"GGobi"即可调出 GGobi 界面，如图 7-41 所示。

图 7-40　调出 GGobi 界面选项

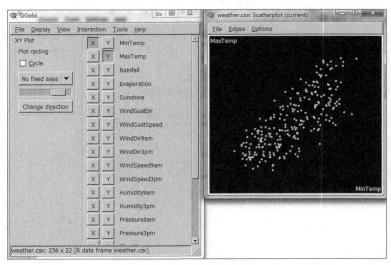

图 7-41　GGobi 界面

目前，x 轴选择的 MinTemp，y 轴选择的 MaxTemp，都可以通过选中"Cycle"选项来查看不同变量间的散点图分布情况。

可以通过"Display"菜单选择不同的图表类型，例如绘制平行图时，选择"Display"→"New Parallel Coordinates Display"命令后，会在新窗口中输出平行图，如图 7-42 所示。

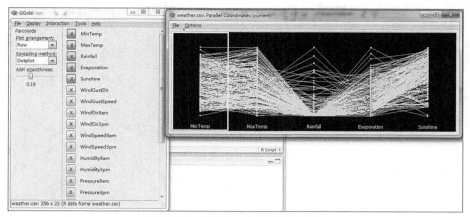

图 7-42　使用 Ggobi 绘制平行图

而选择"Display"→"New Scatterplot Matrix"命令将绘制出散点图矩阵，如图 7-43 所示。

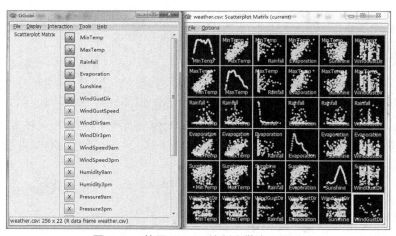

图 7-43　使用 GGobi 绘制出散点图矩阵

2．GGRaptR

这里以 weather 数据集为例，选中"GGRaptR"选项即可调出 GGRaptR 界面，如图 7-44 所示。

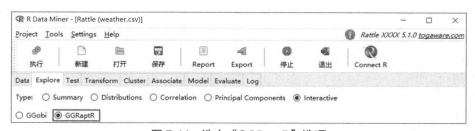

图 7-44　选中"GGRaptR"选项

R 语言编程基础

GGRaptR 界面是网页式界面，包括交互式散点图、柱状图、平行坐标图、时间序列图、散点图矩阵和三维旋转的综合使用，可以通过"Plot type"选项选择，如图 7-45 所示。

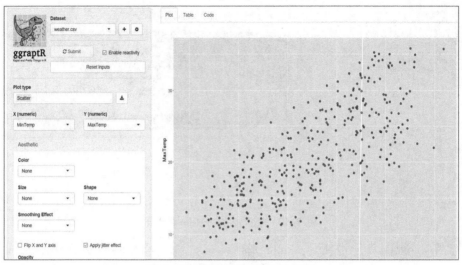

图 7-45　调出的 GGRaptR 界面

7.4　构建模型

7.4.1　聚类分析

聚类分析是一种原理简单、应用广泛的数据挖掘技术。针对几个特定的业务指标，可以将观测对象的群体按照相似性和相异性进行不同群组的划分。经过划分后，每个群组内部各对象间的相似度会很高，而不同群组之间的对象彼此间将具有很高的相异度。

聚类算法种类繁多，Rattle 可以实现最常用的 k-means 聚类和层次聚类（Hierachical Cluster）。k-means 聚类的基本原理是如下。

（1）从 N 个样本随机选择 k 个对象，并且所选择的每个对象都代表一个初始的聚类中心。

（2）分别计算每个样本到各个类中心的距离，将对象分配到距离最近的聚类中。

（3）所有对象分配完成后，重新计算 k 个聚类的中心。

（4）与前一次计算得到的 k 个聚类中心比较，如果聚类中心发生变化则转（2），否则转（5）。

（5）当质心不发生变化时停止并输出聚类结果。

层次聚类（Hierachical Cluster）则是依次让最相似的数据对象两两合并，这样不断地合并，最后就形成了一棵聚类树。

Rattle 通过 Cluster 选项可以建立 k-means 聚类和层次聚类，默认是 k-menas 聚类，如图 7-46 所示。

将 weather 数据集通过 Data 选项导入到 Rattle 中，然后单击"执行"按钮，建立 k-means 聚类模型，如图 7-47 所示。

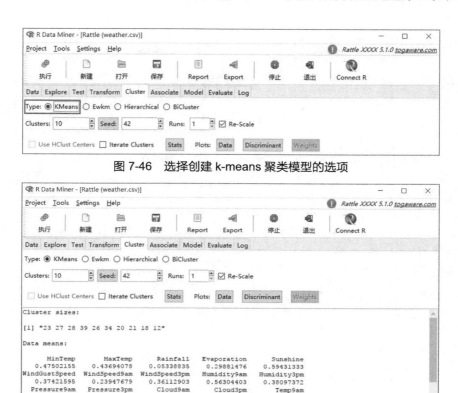

图 7-46　选择创建 k-means 聚类模型的选项

图 7-47　建立 k-means 聚类模型

　　模型结果会先后输出各类别所包含的样本数（Cluster sizes）、训练数据集各变量的均值（Data means）、各类别均值（Cluster centers）和各类别的组内平方和，如代码 7-11 所示。

代码 7-11　k-means 模型的输出结果

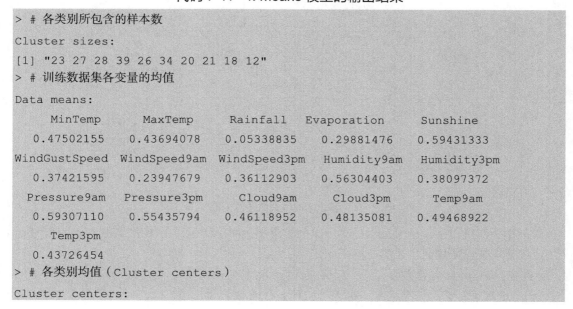

```
> # 各类别所包含的样本数
Cluster sizes:
[1] "23 27 28 39 26 34 20 21 18 12"
> # 训练数据集各变量的均值
Data means:
    MinTemp         MaxTemp        Rainfall     Evaporation      Sunshine
  0.47502155      0.43694078      0.05338835    0.29881476      0.59431333
WindGustSpeed   WindSpeed9am   WindSpeed3pm    Humidity9am     Humidity3pm
  0.37421595      0.23947679      0.36112903    0.56304403      0.38097372
  Pressure9am     Pressure3pm       Cloud9am        Cloud3pm        Temp9am
  0.59307110      0.55435794      0.46118952    0.48135081      0.49468922
     Temp3pm
  0.43726454
> # 各类别均值（Cluster centers）
Cluster centers:
```

```
       MinTemp   MaxTemp      Rainfall Evaporation   Sunshine WindGustSpeed
1   0.3670760 0.1886703 0.0704415234  0.23978920 0.6400256     0.5929952
2   0.7233531 0.8392809 0.0238300316  0.54489338 0.8488562     0.3770576
3   0.6020992 0.5908498 0.0337763012  0.36958874 0.6326155     0.4042659
4   0.2250930 0.2765300 0.0121248261  0.15773116 0.6975867     0.2631766
5   0.7288608 0.4402021 0.1753130590  0.39685315 0.1781674     0.4220085
6   0.3718006 0.2678188 0.0177838577  0.15106952 0.3784602     0.2614379
7   0.1362595 0.1414234 0.0337209302  0.08409091 0.4257353     0.2986111
8   0.6581243 0.6039277 0.1675895164  0.43795094 0.6803221     0.4312169
9   0.4796438 0.5636659 0.0004306632  0.28030303 0.8010621     0.2993827
10  0.6186387 0.6520681 0.0161498708  0.50000000 0.8425245     0.5937500
> # 各类别的组内平方和
Within cluster sum of squares:
 [1]  7.639349  6.021378 10.350511  7.617504 11.520617 10.775379  6.036238
 [8]  8.683444  2.625241  2.778257
```

单击 "Data" 按钮，会打印出前 5 个数值变量的散点图矩阵，用不同颜色区分不同类别的样本，如图 7-48 所示。

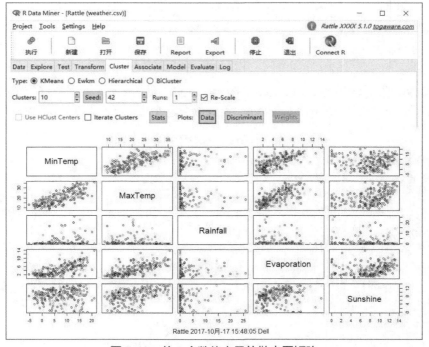

图 7-48　前 5 个数值变量的散点图矩阵

单击图 7-48 的 "Discriminant" 按钮，则会生成样本投影图，图中用圆圈和不同符号标明了每个样本所属类别，如图 7-49 所示。

首先，将 mtcars 数据集通过 Data 选项导入到 Rattle 中，然后选择图 7-50 所示的 "Hierarchical" 选项，接着单击 "执行" 按钮生成层次聚类模型。

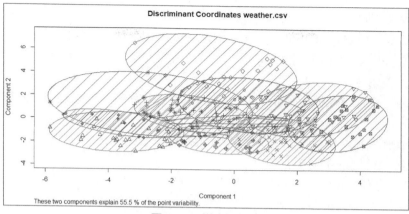

图 7-49   样本投影图

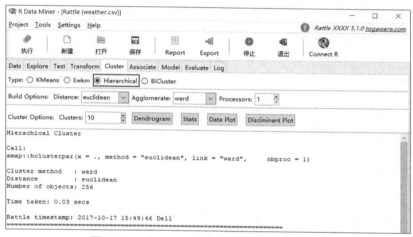

图 7-50   对 mtcars 数据集生成层次聚类模型

另外，可以单击图 7-50 所示的 "Data Plot" 按钮生成数值变量的散点图矩阵；单击图 7-50 所示的 "Disciminant Plot" 按钮生成投影图，也可以单击图 7-50 所示的 "Dendrogram" 按钮生成系统聚类树图，如图 7-51 所示。

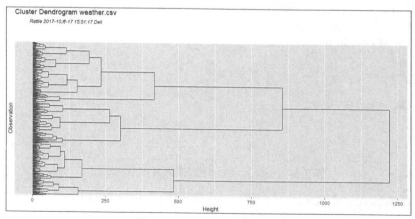

图 7-51   生成系统聚类树图

7.4.2 关联规则

关联规则（Association Rule）是在数据库和数据挖掘领域中被发明并被广泛研究的一种重要模型。关联规则数据挖掘的主要目的是找出数据集中的频繁模式，即多次重复出现的模式和并发关系。

在众多的关联规则数据挖掘算法中，Apriori 算法是著名的算法之一。该算法具体分为以下两步。

（1）生成所有频繁项目集。一个频繁项目集（Frequent Itemset）是一个支持度高于最小支持度阈值（min-sup）的项目集。

（2）根据频繁项目集生成所有的可信关联规则。这里的可信关联规则是指置信度大于最小置信度阈值（min-conf）的规则。

Rattle 中的 Associate 选项可以实现 Apriori 算法。默认最小支持度阈值（min-sup）是 0.100，最小置信度阈值（min-conf）是 0.100，每个项目集所含项数的最小值是 2，可以根据实际情况进行参数设置，如图 7-52 所示。

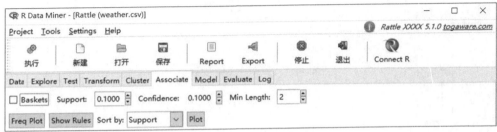

图 7-52　关联规则算法

将 Rattle 包自带的 dvdtrans.csv 数据集导入 Rattle，再把 Item 变量设置为××××，如图 7-53 所示。

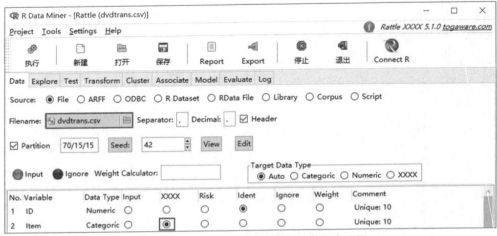

图 7-53　导入 dvdtrans 数据集并做相应设置

参数按照默认设置生成 dvdtrans 数据的关联规则，如图 7-54 所示。

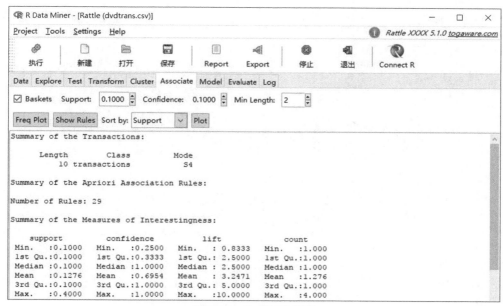

图 7-54　生成关联规则

由图 7-54 所示，一共生成 29 条规则。另外，该图还给出了支持度、置信度、提升度的最小值、第一四分位数、中位数、均值、第三四分位数和最大值等重要信息。

单击图 7-54 所示的"Show Rules"按钮后，将输出生成的关联规则，默认按照支持度进行降序排列。读者可以通过"Sort by"下拉框选择置信度或提升度排序方式，如图 7-55 所示。

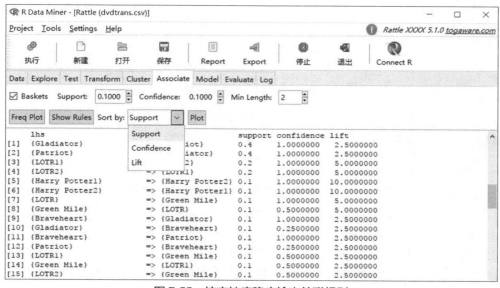

图 7-55　按支持度降序输出关联规则

单击"Freq Plot"按钮，可以生成商品的交易频率图，如图 7-56 所示。

再单击"Plot"按钮，可以调用 arulesViz 包对关联规则进行可视化，如图 7-57 所示。

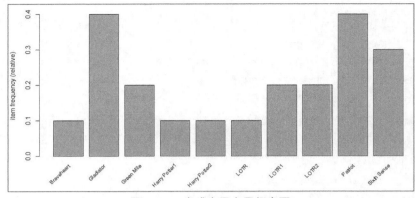

图 7-56　生成商品交易频率图

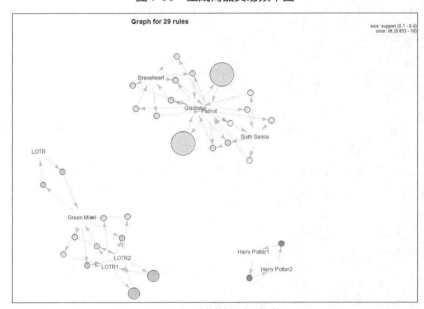

图 7-57　关联规则可视化

图 7-57 中的圆圈的大小代表支持度，颜色代表提升度，圆圈越大表示左项与右项间的支持度越高，颜色越深表示左项与右项间的提升度越高。

7.4.3　决策树

决策树（Decision Tree）是一种非常成熟且被普遍采用的数据挖掘技术。决策树是一棵树状结构。它的每一个叶结点对应着一个分类，非叶结点对应着某个属性上的划分，根据样本在该属性上的不同取值将其划分成若干个子集。对于非纯的叶结点，多数类的标号给出到达这个结点的样本所属的类。构建决策树的核心问题是，每一步如何选择适当的属性对样本做拆分。对一个分类问题，从已知类标记的训练样本中学习并构建出决策树是一个自上而下、分而治之的过程。

决策树方法在分类、预测、规则提取等领域有着广泛应用，主要原因在于决策树的构造不需要任何领域的知识，很适合探索式的知识发现，并且可以处理高维度的数据。另外，决策树对数据分布甚至缺失非常宽容，不容易受到极值的影响。

Rattle 中 Model 选项卡中的"Tree"选项可实现决策树建模。这是基于 rpart 算法包中的 rpart 函数实现的。此处利用 weather 数据集进行决策树建模，结果如图 7-58 所示。

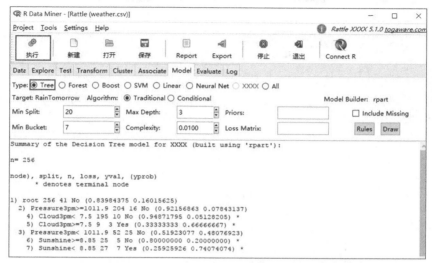

图 7-58　对 weather 训练集数据建立决策树预测模型

在图 7-58 中，n=256 表明训练集中数据为 256 个样本数，*号表明该结点是叶结点，该模型共有 4 个叶结点。

例如，"2) Pressure3pm>=1011.9 204 16 No (0.92156863 0.07843137)"的含义如下：

结点号为 2（node）；结点分支条件是 Pressure3pm>=1011.9（分裂值）；此时包含样本 204；这个结点分类为 No，有 16 个样本被误分类，表示明天不会下雨的可能有 92%。该结点并非叶结点（无*号）。

在图 7-58 中，用于构建决策树的命令如代码 7-12 所示。

代码 7-12　构建决策树的命令

```
> Classification tree:
rpart(formula = RainTomorrow ~ .,
+    data = crs$dataset[crs$train,
c(crs$input, crs$target)], method = "class",
+    parms = list(split = "information"),
+    control = rpart.control(usesurrogate = 0, maxsurrogate = 0))
```

在图 7-58 中，用于构建决策树的分裂变量如代码 7-13 所示。

代码 7-13　构建决策树的分裂变量

```
> Variables actually used in tree construction:
[1] Cloud3pm    Pressure3pm Sunshine
```

图 7-58 中给出了根结点的错误率，如代码 7-14 所示。

代码 7-14　根结点的错误率

```
> Root node error: 41/256 = 0.16016
```

R 语言编程基础

图 7-58 给出了每次分裂后 CP 的综合详情。nsplit 是分裂次数，xerror 是通过交叉验证获得的模型误差，xstd 是模型误差的标准差，如代码 7-15 所示。

代码 7-15　cp 的综合详情

	CP	nsplit	rel error	xerror	xstd
1	0.158537	0	1.00000	1.00000	0.14312
2	0.073171	2	0.68293	0.80488	0.13077
3	0.010000	3	0.60976	0.97561	0.14169

单击图 7-58 中的 "Draw" 按钮，可以生成决策树图，如图 7-59 所示。

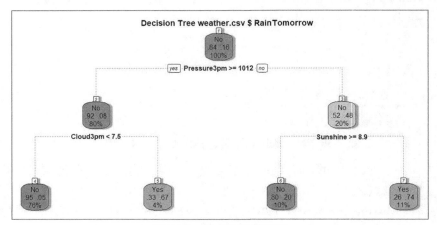

图 7-59　生成的决策树图

7.4.4　随机森林

随机森林（Random Forest）算法基于决策树的分类器集成算法，其中的每棵树都是基于随机样本的一个独立集合值产生的。

随机森林在运算量没有显著提高的前提下提高了预测精度。随机森林对多元共线性不敏感，结果对缺失数据和非平衡的数据比较稳健，可以很好地预测多达几千个解释变量的作用，被誉为当前最好的算法之一。

可以通过在 Rattle 选中 Model 选项卡下的 "Forest" 单选按钮实现随机森林建模。该按钮基于 randomForest 算法包中的 randomForest 函数。以 weather 数据集为例建立随机森林，结果如图 7-60 所示。

如图 7-60 所示，首先给出的是建模命令，再给出一个误差率的 "OOB" 估计及基于 OOB 的分类矩阵。"OOB" 是英文 Out Of Bag 的缩写，由于每棵树都由自助法抽样得来，这里的抽样是放回抽样，所以每次约有 1/3 的数据没有被抽到，这些观测值数据被称为 OOB 数据（口袋外面的数据）。

由代码 7-16 第一行可知，误差率的 OOB 估计（OOB estimate of error rate）是 14.45%，也就是说，它的准确率是(205+14)/(205+10+27+14)，约等于 85.55%，说明这个模型效果非常不错。在基于 OOB 的混淆矩阵中，行表示的是实际值，列表示的是预测值，因此，有 27 个为 No 的预测值实际是 Yes 的。

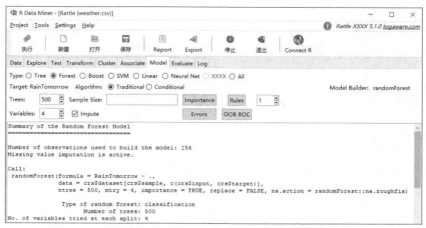

图 7-60　利用 weather 训练集建立随机森林

代码 7-16　混淆矩阵

```
        OOB estimate of  error rate: 14.45%
Confusion matrix:
    No Yes class.error
No  205  10 0.04651163
Yes  27  14 0.65853659
```

可以单击图 7-60 所示的 "OOB ROC" 按钮，生成 OOB ROC 曲线，如图 7-61 所示。

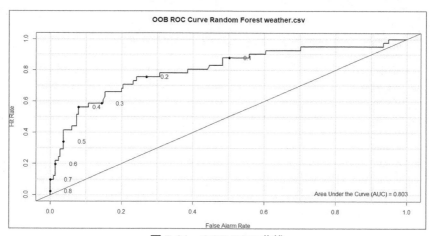

图 7-61　OOB ROC 曲线

构建随机森林的同时也给出了各变量重要性的度量，MeanDecreaseAccuracy 从精确度方面来衡量变量重要性，MeanDecreaseGini 则从 Gini 指数方面来衡量变量重要性。默认是按照精确度由大到小排序，越靠前的变量越重要，如代码 7-17 所示。

代码 7-17　Gini 指数

```
> Variable Importance
====================
```

	No	Yes	MeanDecreaseAccuracy	MeanDecreaseGini
Pressure3pm	11.68	9.83	13.57	4.40
Cloud3pm	11.56	8.06	13.25	3.06
Sunshine	12.02	5.80	12.89	3.99
WindGustSpeed	7.79	5.77	8.80	2.47
Temp3pm	7.73	-3.00	6.88	1.57
Humidity3pm	6.96	0.44	6.43	2.43
......				

单击图 7-60 所示的 "Importance" 按钮, 对各变量重要性进行可视化, 如图 7-62 所示。

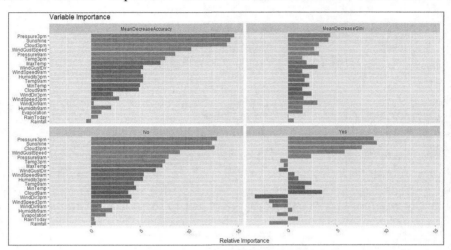

图 7-62　变量的相对重要性可视化图形

单击图 7-60 所示的 "Errors" 按钮, 可以生成每棵树的 OOB, 当变量为 Yes 或 No 时的误差率如图 7-63 所示。

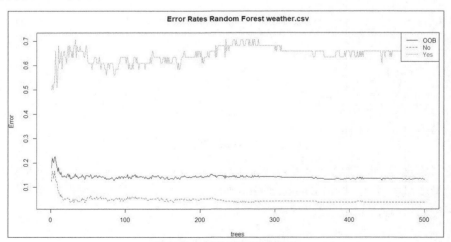

图 7-63　树的数量的误差率

Rattle 还能实现基于决策树的组合方法（Boost）、支持向量机（SVM）、线性回归（Linear）、人工神经网络（Neural Net）和生存分析（Survival）, 感兴趣的读者可以自行研究。

7.5　评估模型

7.5.1　混淆矩阵

在 Rattle 中，Evaluate 的默认评估标准就是混淆矩阵。在单击"执行"按钮之后，系统会根据所选的数据集，利用相应所选模型计算出混淆矩阵。

该矩阵主要用于比较模型预测值同实际值之间的差别，根据实际需求去调整相应的模型。

此处利用 Rattle 包中的 audit 数据集中 70%的数据生成决策树模型，并对 test 数据集建立混淆矩阵，如图 7-64 所示。

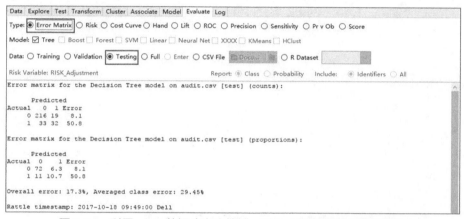

图 7-64　利用 audit 数据建立决策树，对 test 数据集建立混淆矩阵

混淆矩阵中的行表示实际值，列表示预测值，其中，第一个矩阵中的数据表示的是样本的个数，另一个矩阵中的数据则代表该类别样本占总样本的比例。图 7-64 中，第一个混淆矩阵有 19 个样本实际类别是 0，被误预测为 1，占比是 19/(216+19+33+32)，约等于 0.06，误差率是 19/(216+19)，约等于 0.08；有 33 个样本实际类别是 1，却被误预测为 0，占比是 33/(216+19+33+32)，约等于 0.11，误差率是 33/(33+32)，约等于 0.51。

7.5.2　风险图

模型风险图通常也被称为累计增益图，该图像主要提供了二分类模型评估中的另一种透视图。该图像可以通过 Evaluate 选项卡中的"Risk"选项直接生成而得到。

利用 audit 数据集建立决策树模型，对测试集数据建立风险图，如图 7-65 所示。

假设每年将会对 100000 人进行审计，根据风险图所示，那么就会有 22000 人需要对他们各自的纳税申报进行调整。这个 22%的比率称为 strike rate（图 7-65 的右下角）。

7.5.3　ROC 图及相关图表

模型的 ROC 图像同样也是一种比较常见的用于数据挖掘的模型评估图。此外，与 ROC 图像相类似的图像还有灵敏度与特异性图像、增益图、精确度与敏感度图像，不过在这些图形中，ROC 图像是使用最广泛的。

此处利用 audit 数据集建立的决策树模型的 ROC 图、精确度与灵敏度图、敏感度与特异性图、增益图，分别如图 7-66 ~ 图 7-69 所示。

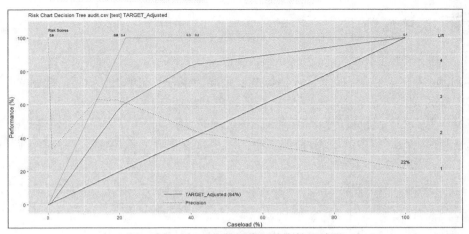

图 7-65　对 audit 数据集所建立的风险图

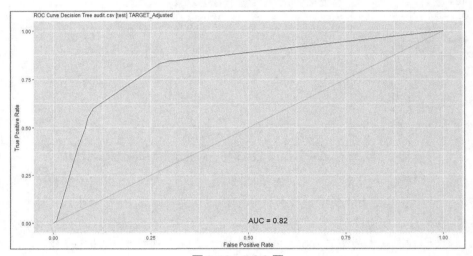

图 7-66　ROC 图

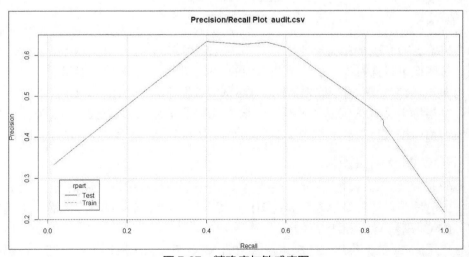

图 7-67　精确度与敏感度图

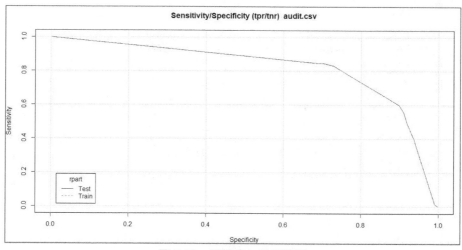

图 7-68　灵敏度与特异性图

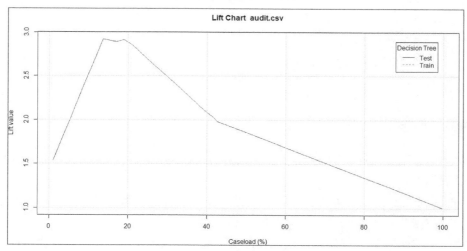

图 7-69　增益图

7.5.4　模型得分数据集

在 Evaluate 选项卡中，Rattle 还提供了一个得分数据集的"Score"选项。

该选项的主要作用是将模型分析预测结果保存为文件的形式，对模型结果进行更多的分析活动，而不仅仅是运行一遍数据、生成一个模型那么简单。根据所选择的数据利用模型进行预测，并将预测结果以 CSV 文件的格式保存。

此处利用决策树生成的模型对测试数据集进行预测，Type 选择"Score"，Data 选择"Testing"，如图 7-70 所示。

单击"执行"按钮后，会跳出保存文件名称和路径的对话框，如图 7-71 所示。

保存到本地的文件包含 3 列，其中，第一列是样本的 ID，第二列是因变量的实际值，第三列是决策树模型的预测结果，如图 7-72 所示。

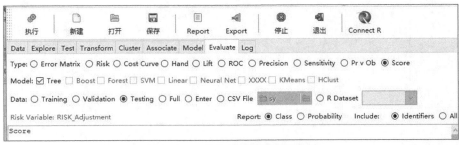

图 7-70　对测试集数据计算得分

图 7-71　得分文件的保存设置

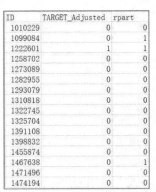

图 7-72　得分文件的保存内容

7.6　小结

本章详细介绍了 Rattle 的安装及使用方法，并且分别展示了 Rattle 中的一些功能，主要包括以下几点。

（1）通过 Rattle 导入数据，包括 CSV 数据、ARFF 数据、ODBC 数据。另外，利用 Rattle 导入其他的数据源、RData File 数据集和 Library 数据。

（2）使用 Rattle 探索数据，描述数据的总体概况，探索数据分布，对数据的相关性、主成分进行分析，绘制交互图。

（3）使用 Rattle 构建模型，包括聚类分析、关联规则、决策树、随机森林。

（4）使用 Rattle 计算混淆矩阵，绘制风险图、ROC 图及相关图表，获取模型得分数据集等来评估模型。

Rattle 的数据挖掘过程会在 Log 中记录下来。它可以给出所进行的 Rattle 操作的 R 代码。可以学习 R 的数据挖掘过程，也可以把记录以文本形式输出，在 R 平台中实现 R 和 Rattle 的交互。通过对本章的学习，读者可在以后的数据挖掘过程中采用适当的算法并按所述的步骤实现综合应用。

课后习题

1. 选择题

（1）下列不属于 Rattle 工具功能的是（　　　）。

  A．相关性分析 B．周期性分析 C．数据集成   D．数据变换

（2）Rattle 工具不能导入（　　　）。

    A．R 包的数据　　　　　　　　　　B．R 工作空间的数据

    C．R 文件的数据　　　　　　　　　D．R 命名的数据

（3）如果想要查看数据总体的概况，那么应该运用（　　　）功能。

    A．Summary　　　　　　　　　　　B．Distribution

    C．Correlation　　　　　　　　　　D．Principal Components

（4）Rattle 的交互图 GGobi 包不可以实现（　　　）的综合使用。

    A．散点图　　　　B．散点矩阵图　　　C．三维图　　　　　D．星状图

（5）数据建模中，聚类分析不能得到的结果是（　　　）。

    A．聚类的结果　　B．聚类分布图　　C．聚类的评价　　　　D．聚类样本投影图

（6）关联规则的 Apriori 算法不会默认设置的是（　　　）。

    A．Basket　　　　　B．Support　　　　C．Confidence　　　　D．Min Length

（7）在 Model 选项中，分类算法需要设置 Min Bucket 的值，如果要分成 70、15、15 的占比，则应该设置为（　　　）。

    A．0.7/0.15/0.15　B．70/15/15　　　C．7/1.5/1.5　　　　D．70%/15%/15%

（8）Rattle 工具的随机森林模型不能得到（　　　）。

    A．ROC 曲线　　　　　　　　　　　B．重要性 Gini 指数

    C．错误率　　　　　　　　　　　　D．分类树

（9）下列不属于 Rattle 工具的模型评估方法的是（　　　）。

    A．混淆矩阵　　B．风险评估图　　C．敏感度与特异性图 D．累计增益图

（10）下列数据挖掘算法中，适合用 Rattle 工具的是（　　　）。

    A．分类与预测　　B．聚类分析　　　C．智能推荐　　　　D．关联规则

2．操作题

打开 Rattle 工具的图形界面，导入 Telephone.csv 数据，并将数据按照 70：15：15 的比例分成训练集、验证集和测试集。然后对数据进行探索，完成描述性统计分析、图形探索等操作。提示：在 Data 选项卡中选择合适的变量构建模型，在 Model 选项卡中选择合适的分类模型，并对模型进行评估。

参考文献

[1] Garrett Grolemund. R 语言入门与实践[M]. 冯凌秉，译. 北京：人民邮电出版社. 2016.

[2] Ben Fry. 可视化数据[M]. 张羽，译. 北京：电子工业出版社. 2009.

[3] Nathan Yau. 鲜活的数据：数据可视化指南[M]. 向怡宁，译. 北京：人民邮电出版社. 2012.

[4] Joseph Adler. R 语言核心技术手册[M]. 刘思喆，译. 北京：电子工业出版社. 2014.

[5] Hadley Wickham. ggplot2：数据分析与图形艺术[M]. 统计之都，译. 西安：西安交通大学出版社. 2013.

[6] 张良均. R 语言数据分析与挖掘实战[M]. 北京：机械工业出版社. 2015.

[7] 张良均. R 语言与数据挖掘[M]. 北京：机械工业出版社. 2016.

[8] 李诗羽，张飞，王正林. 数据分析：R 语言实战[M]. 北京：电子工业出版社. 2014.

[9] 陈荣鑫. R 软件的数据挖掘应用[J]. 重庆：重庆工商大学学报（自然科学版），2011，28(6)：602-607.

[10] 王怀亮. 基于 R 语言的多元数据统计图形可视化[J]. 武汉：企业导报，2013，(8).

[11] 闫启鹏. R 语言在数据可视化中的应用[J]. 北京：中国科技博览，2015，(5).

[12] 肖颖为，葛铭. R 语言在数据预处理的开发应用[N]. 杭州：杭州电子科技大学学报，2012，32(6).